快速了解地球 45 亿年的历史，洞察人类未来的命运

地球传奇

穿越 45 亿年的
奇妙旅程

张唯诚/著

U0363426

人民邮电出版社

北　京

图书在版编目（ＣＩＰ）数据

地球传奇 ： 穿越45亿年的奇妙旅程 / 张唯诚著. --
北京 ： 人民邮电出版社，2020.7
ISBN 978-7-115-53176-6

Ⅰ．①地… Ⅱ．①张… Ⅲ．①地球—普及读物 Ⅳ.
①P183-49

中国版本图书馆CIP数据核字(2019)第291559号

◆ 著　　　　张唯诚
　　责任编辑　杜海岳
　　责任印制　陈　犇
◆ 人民邮电出版社出版发行　　北京市丰台区成寿寺路 11 号
　　邮编　100164　电子邮件　315@ptpress.com.cn
　　网址　https://www.ptpress.com.cn
　　北京瑞禾彩色印刷有限公司印刷
◆ 开本：720×960　1/16
　　印张：15.25　　　　　　　2020 年 7 月第 1 版
　　字数：210 千字　　　　　　2020 年 7 月北京第 1 次印刷

定价：68.00 元

读者服务热线：(010)81055410　印装质量热线：(010)81055316
反盗版热线：(010)81055315
广告经营许可证：京东市监广登字 20170147 号

内 容 提 要

地球，一个对我们来说既神秘又熟悉的星球。从一颗普通的行星到如今人类的家园，它是怎样形成的呢？让我们一起跟随作者踏上一段探索地球奥秘的时光之旅。

本书采用章回体的形式，讲述了地球及地球上生命的发展、演化历程，人类对地球的探索，文明的兴衰，环境与人类的关系，科技的发展进步等，并对地球及人类未来的命运进行了合理的推测和演绎，告诉人们应珍爱地球环境，关爱生命，共同建设好我们共同的家园。本书语言轻松明快，表述深入浅出，读起来趣味盎然。

本书适合青少年及其他对自然感兴趣的读者阅读。

行星世界中的"蓝色大理石"

历史上发生的很多事件都在塑造着地球：来自太空的岩石撞击地球，熔化地表；大陆发生漂移，形成新的海陆格局；火山爆发影响地球大气层的状态，导致气温时高时低；生命出现了，它们在演化中改变着地球。

所有这些事件都像一种来自大自然的"书写"，在岩石中留下了一些"文字"，于是岩层就变得像一本厚厚的史书。史书中的"文字"包括地质学上的改变，也包括植物、动物和其他生物形成的化石。这些化石告诉人们，某一地质时期地球上的气候是怎样的，有些怎样的生物，它们的生活是怎样的，后来又发生了怎样的改变，而地质学家、动植物学家、古生物学家就是这些"文字"的阅读者，他们设法"阅读"这本大自然留下的史书，试图知道发生在遥远过去的一些事情。

然而这本史书是不完整的，不断有破损和残缺，只有一部分"页面"保留了下来，而另外一些则在侵蚀、地壳的板块运动和造山运动中损坏了。

但科学家们还是大致读懂了这本残缺的史书，这本书的时间跨度大致为 46 亿年，人们称之为"地质时代"。地质时代被一层层地分为更小的时间单位，分别为宙、代、纪、世、期、时，它们像这本书中的很多章节，记录了地球传奇的过去。

1972 年，"阿波罗 17 号"上的宇航员拍摄了一张非常完美的地球照，它使我们得以从 45000 千米之外打量我们自己的家园：这是一颗蓝色的带有透明感的行星，片片白云如同大理石上优美的纹理，于是人们就把这张照片中的地球称为"蓝色大理石"。

今天，地质学、地球科学、古生物学和天文学的很多研究都在揭示这块"蓝色大理石"的奥秘。在很多方面，现在人们对它的认识已和过去大不一样了。人们发现，它可能比我们过去认为的更脆弱，更容易受到伤害，也可能比我们过去认为的经历了更多奇奇怪怪的事。

本书是一系列图书的第三本，此前的两本《镜收眼底：天文望远镜中的星空》和《出发吧，太空探测器》分别呈现了宇宙和太阳系全新的景观，也介绍了人类探索宇宙和太阳系的精彩历程。本书作为这套书的"新成员"，试图讲述地球的发展和演化，让读者做一次粗略的远眺，向后看，地球经历了怎样的岁月，生命留下了怎样的足迹？向前望，人类面临着怎样的难题，未来的世界会是怎样？

需要说明的是，本书关于未来部分的内容是建立在预测之上，希望读者理解这一点。尽管如此，这些内容也并非毫无根据，它很可能就是"尚未发生的历史"，其中包括一些我们极不愿意看到的不幸和灾变。但愿本书具有一定的警示作用，希望人们及时警觉，将危机消弭于未然。

本书一头连着过去，一头连着未来，让我们一起踏上穿越几十亿年历史的时光之旅，去思考亘古难解的命运之谜……

目　录

第一回

寰球出世乾坤初定，
冰轮升起玉宇清澄

诗曰：

> 浩瀚天宇一点蓝，众星相伴气不凡。
> 寥廓碧天悬金轮，澄澈青夜挂玉盘。
> 浩渺烟波江与海，无垠莽原岳与山。
> 但见日月升又落，留得地层话沧桑。

话说 45 亿年前，在一颗名为太阳的新生恒星周围出现了几颗大小不一的行星，它们像兄弟姐妹一样围绕着太阳缓缓地运行。其中的一颗运行平稳，貌不惊人，但在许多年间渐渐养得了一种不凡的气派，有了水和适宜的大气，成了一颗蔚蓝色的行星——地球。

◎　图1.1　地球运行在从太阳向外数的第三条轨道上

地球运行在从太阳向外数的第三条轨道上（图 1.1），在它的前面，靠近太阳的方向有水星和金星，在它的后面，远离太阳的方向有火星、木星、土星、天王星和海王星。

就像人们对自己的幼年生活往往印象朦胧，记忆模糊一样，人们对地球"幼年"的了解也处在一片疑云之中。人们只知道，它诞生于一片环绕着太阳的由尘埃和气体组成的分子云中，而且占据了一个不错的位置，这使它得以从太阳那里获得恰到好处的光和热。与它的"兄弟姐妹"——另外几颗大行星相比，地球一开始就为生命的出现做好了相当的准备，它从那片分子云里获取了比例绝佳的各类生命元素，包括碳、氢、氮、氧、磷和硫等。究竟它是怎样做到的，人们知之甚少。

接下来又发生了什么？人们同样几乎一无所知，因为当年的任何痕迹都已经不复存在了。在漫长的岁月里，地球上的岩石已被挤压、熔融和风化了不知多少次，一切可供人们了解真相的线索都已被时光冲刷得一干二净。但希望并非没有，它就存在于我们头顶上的星空之中，那就是陨石。陨石和我们的地球都形成于当年的那片分子云中，又形成于大致相同的时间，而且它们没有经过熔融和风化，保存着原来的状态，所以人们也许能从陨石那里了解到有关我们地球母亲早年身世的一些零碎的片段。

另外一个令人备感兴趣的话题是水。地球是如何获得水的呢？一种可能是，直接从行星盘的分子云中获得了水。当这些物质通过凝聚形成地球时，水便封存在了新生的地球里；另一种可能是，在后来漫长的岁月中获得了水。有一段时间，一些来自外太阳系的含冰的彗星和小行星相继撞击了地球，它们有可能为地球带来了大量的水。不过这些都是推测，还没有确切的答案。也许未来的望远镜能为我们提供一些线索，那些望远镜更大更灵敏，能让人们观测到恒星周围的行星物质和它们在演变成行星的过程中发生了怎样的事情，这对人们了解地球早年的历史是极有帮助的。

除了比例绝佳的生命元素和水之外，地球还拥有一颗滚烫的"心"，那是一个炽热的核，由沉重的铁组成，它直接影响了地球的发展和演化。原来，地核启动了地球内外物质的运行，它很像一台性能卓越的发动机。这台发动机拥有大量导电的流体，由流动的铁水充当，它们在地心深处造成了向上涌动的热流，很像一锅在火炉上沸腾的汤。这"汤"的底部最为炽热且密度较低，于是那里的铁水便极力上升，待碰到上面的地幔后，它们又因丧失了一部分热量而转于下沉，这个自下而上传递热量的过程称为"热对流"。

但启动热对流并非易事，需要很多的热量，而人们对地球内部热活动的研究则显示，地核自身产生的热量并不足以驱动热对流运动，因为来自地核的铁水将很多热量传导给了地幔，这就好比将一锅汤的热量散发到了空气中后，这汤就很难烧开了。然而热对流非常重要，因为正是它驱动了"地球发动机"的运转，没有这种对流，也就没有"地球发动机"的存在。

那么地核是怎样获得如此多的热量的呢？有一种推测指向了碰撞，这是一种意外，地球应该并不喜欢这样的事情发生在自己的身上。它从诞生的那一刻起就想成为一颗真正的行星，然而意外发生了。大约在距今 45.5 亿年前，地球完成了形成一颗行星所需的 65% 的工作量，又过了 2000 万年，一个意想不到的事件干扰了它，一颗火星大小的天体突然撞上了它（图 1.2），产生的大量碎片被抛到了环绕地球的轨道上，它

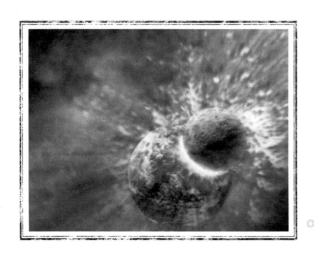

◎ 图1.2 一颗火星大小的天体突然撞上了地球

们在碰撞和聚集中渐渐形成了地球的卫星——月亮。

那次碰撞产生了惊人的热量，地球被完全熔化了，它变得如此之热，乃至于像一颗小恒星似的在天空中闪耀了约1000年。有诗为证：

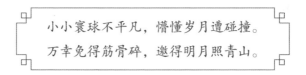

小小寰球不平凡，懵懂岁月遭碰撞。
万幸免得筋骨碎，邀得明月照青山。

那次碰撞对地球生命的出现至关重要，因为它不仅给地球带来了一个月亮，还给地球注入了大量的热量，地球因此拥有了一颗足以启动热对流的滚烫的"心"，"地球发动机"就此运转起来了！

有了热对流，这锅铁汤便在地球自转偏向力的作用下沿螺旋状的轨迹上下翻滚，这正好为地球带来了一个磁场（图1.3）。假若没有那次疯狂的碰撞，地核的热对流就不会发生，地球也不会拥有一个保护生命的磁场。如果那样，太阳辐射会毫不留情地剥离大气层并冲击地球的表面，地球不可避免地会遭遇现在火星和金星的命运。

不过那次碰撞也熔化了地球年轻的表层，抹去了此前所有的地质学记录，给地质学家们留下了一个研究有关地球早年身世的巨大空白。因此有关地球诞生后最初5亿年的"童年时光"，人们几乎一无所知。对我们人类而言，那段时间是神秘黑暗的遥远年代，地质学家们称之为"冥古宙"。

那次碰撞发生后，地球此前的"劳作"前功尽弃，它不得不重新塑造地壳，因为碰撞完全摧毁了它。蒸发了的硅被抛进大气中，它们在天空中凝结后变成熔岩雨落下来，熔化的岩石沉积成了一个熔岩海，并以每天一米的速度不断地增长。地球变成了一个炼狱，一片炽热的火海。

今天，我们在地壳中找到的岩石一般都不会超过 36 亿年，所以地质学家们对冥古宙的地球知之甚少。不过，一种存在于岩石中的晶体物质帮了他们的忙，它叫锆石，形成的时间可追溯到 44 亿年以前。这似乎表明，当时地球的大陆性地壳已经形成，还存在遇水冷却的低温岩浆，地球的温度可能比我们先前认为的更低，湿度也可能更大，环境没有先前人们认为的那样严酷。

科学家们在那些锆石中还发现了碳 12 的痕迹。碳 12 是碳的一种同位素，由 6 个质子、6 个中子和 6 个电子构成。形成碳 12 最常见的方式是光合作用，因此碳 12 的发现意味着早在太古时代，生命就可能已经出现在地球上了。

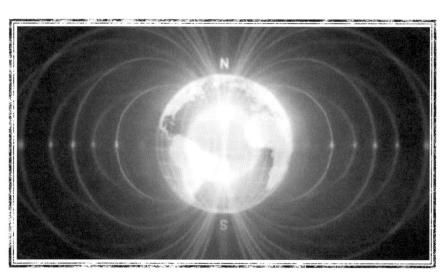

◎　图1.3　地球磁场

要孕育生命，水是少不了的。水可能是在 38 亿年前形成的，但也有人把水的出现推进到了 43 亿年前。不过接下来的疑问又使他们对这个推测非常失望，水的存在需要一个固体的表面，那么在 43 亿年前，地壳究竟是怎样的呢？根据通常的看法，那时的地表布满岩浆，稳固的地壳并不存在。在这种环境下，水的出现很难解释。

要了解当时的地球环境，科学家们必须在岩石中寻找答案，也许月球和火星能为他们提供一些线索。因为月球是由那次碰撞产生的碎片组成的，火星也有可能因此获得了一些陨石，所以人们非常希望能从它们那里得到保存完好的古老岩石，不过这需要进行一些太空探险，还需要一些运气。这正是：

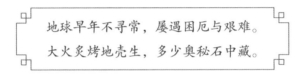

地球早年不寻常，屡遇困厄与艰难。
大火炙烤地壳生，多少奥秘石中藏。

第二回

海岸线啮合现古陆，
魏格纳顿悟创新说

且说地球诞生，乾坤初定，宇宙从此多了一颗小小寰球。不过若仅此而已，那么地球就毫无特别之处，因为宇宙中的星球多得如同沙漠中的沙粒一般，地球充其量也仿佛其中的一粒沙子罢了。然而幸运的是，地球除了拥有水、磁场和一个月亮外，还拥有另外一个与众不同的地方，那就是板块运动。如果没有这样的运动，我们的地球会是一个非常荒芜的地方。

假若仔细观察世界地图，你就会发现南美洲东岸和非洲西岸可以很好地衔接在一起。1620 年，培根首先观察到了这个现象。培根是欧洲文艺复兴时期英国伟大的思想家，他的名言"知识就是力量"至今震耳发聩，发人深省。在培根的那个年代，航海业发展迅速，世界地图的描绘日趋精确，所以培根发现了这个不为一般人注意的细节，不过他并没有付诸行动以探寻究理。这个工作是直到近 300 年后才由德国气象学家、地球物理学家阿尔弗雷德·魏格纳完成的。1910年，年轻的魏格纳在病中百无聊赖地观察一幅挂在墙上的世界地图，他忽然意识到各大陆之间似乎是可以拼接在一起的，一块大陆的突出部分总是与另一块大陆的凹陷部分相吻合。魏格纳想，它们是不是原本就在一起，后来发生了破裂，然后漂移开来的呢？

魏格纳要论证这个想法，他很快投入到了工作中。1915年，魏格纳出版了他的代表作《大陆与海洋的起源》。在这本书里，他系统论证了关于海陆格局的一个假说——大陆漂移学说。他说，现在的各大陆是由一块巨大的陆地分裂而成的，它们经过漫长的漂移后才逐渐到达了现在的位置。

在《大陆与海洋的起源》中，魏格纳认为，在距今3亿至2.5亿年前的二叠纪，全球只有一块巨大的陆地，称之为泛大陆。二叠纪后，泛大陆一分为二，在北方形成劳亚古陆，在南方形成冈瓦纳古陆，它们后来分裂成几块小一点的陆地，然后四散漂移，最后形成了今天的海陆格局。

魏格纳的这些观点在板块构造学说中得到了合理的印证和采纳。板块构造学说提出的海底扩张、板块运动、大陆碰撞等概念解释了许多魏格纳时代无法解释的问题。

尽管大陆漂移学说只是一个假说，它的实证成分和假想成分相互杂陈，但当时的科学界并没有给予魏格纳足够的宽容，反而报之以一片嘲笑。1930年，刚满50岁的魏格纳在格陵兰岛从事科学考察时长眠在了那里的冰天雪地中。他没有看到他的学说得到广泛承认的那一天，因为那已是他去世30年以后的事了。这正是：

大胆推测述观点，无奈求证路途艰。
真理亦会遭冷落，只待拨云见日天。

今天人们知道，要让板块发生运动是一件非常不容易的事。人们研究了地球之外的很多星球，但至今也没有在其他星球上发现板块运动，这可能是因为这种运动要求星球的大小恰到好处。若星球太大，它的引力场就会将板块紧紧地"锁"住；若星球太小，岩石圈又会过厚。这两种情况都无法使板块发生运动，而且其他条件也很苛刻，例如构成板块的岩石既不能太热也不能太冷，既不能太湿也不能太干。

即使这些条件都满足了，也不一定就会发生板块运动，因为还有一个要素很关键，那就是板块在破裂的时候，一块板块必须潜入另一块板块之下（图2.1）。今天，地质学家们将这个过程称为"俯冲"，它多发生在大洋盆地的边缘。在那里，更冷更沉的大洋板块滑进了相对较轻的大陆板块的下面，并且潜进了地幔中。

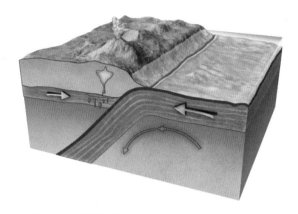

◎　图2.1　一块板块潜入另一块板块之下

那么，这样的一次破裂是如何发生的呢？一种推测是地幔的融化物质将地壳挤开了一个洞，并引发了大爆炸；另一种推测是彗星或小行星击穿了黏性很强的地壳表层，引发了一连串事件，从而启动了第一块板块的运动。

现在我们知道，板块运动的历史不会少于38亿年，因为人们在格陵兰岛找到了属于那个年代的蛇纹石带，它的形成与板块的运动有关。

在如此漫长的岁月里，板块运动把地球塑造成了一个适合生命存在的地方。它促进了水、碳和氧的循环；它产生的压力和温度创造了石油、天然气和各种矿藏；它将火山排出的二氧化碳重新带入地下，从而使地球的气候总是适合生命的生存；它使海洋延伸和合拢，山脉升高和降低，大陆聚合和分离。这样的过程不断重复。今天我们知道，每隔5亿至7亿年，板块运动就会使各大陆重新聚合一次，从而创造一个"超级大陆"。

地质学家们将离今天最近的那块超级大陆称为泛大陆，它存在于2.5亿年前，而大约2.5亿年后，今天的各大陆又会重新聚合在一起。

当超级大陆慢慢地分开，地球上生命的演化就会处在一种"加速"的状态中。这时大陆分离，大陆间出现浅海，浅海中会诞生无数新的物种，它们是未来新世界的主人。

板块运动并不会永远进行下去，当地球变冷、地幔中的对流运动变得很弱的时候，板块运动就会因丧失进行下去的动力而停下来。没有人知道这种事会在何时发生，不过那一定是很久以后了。也许到了那时，对于这颗孕育了生命的星球来说，人类已经成了遥远的记忆。这正是：

四海缘自波涛生，五洲依托古陆成。

板块运动生活力，换来天地一片新。

第三回

太空飞行直抵天边，
地壳钻探未透表皮

且说人类是一个拥有强烈好奇心的物种，所以观天探地，追踪溯源，自古至今，从未停歇。然而，尽管我们对自然世界的认识已经日益地广泛和深入，但相对来说，人类对于地下世界的了解则是十分缓慢的。

17世纪，一些了不起的学者，如开普勒、伽利略等人已经为现代天文学奠定了基础，但对于我们自己生活的地球，那时的人们依然停留在中世纪的神话和想象中。

1664年，欧洲百科全书式的著名学者、耶稣会会士阿塔纳修斯·基歇尔发表了描绘地球内部结构的示意图。在该图中，地球是一个有着巨大洞穴的世界，洞穴中有很多分开的空间，有的充满空气，有的充满水，有的充满火；地球的中心是地狱，那是一个充满火焰的世界；地狱的外层是炼狱，一些管道里燃烧着火，火加热了温泉，制造了火山，折磨着地狱里的人们。

即使是当时最了不起的天文学家，当他们把注意力从天上转移到地下时，他们的理论也同样可笑。1692年，埃德蒙·哈雷（图3.1），即那位以成功预测哈雷彗星回归而享誉天下的天文学家提出，地球的内部是一个空洞，里面有 3 个同轴的壳包围着一个核。壳与壳之间充满炽热的气体，它们将壳隔开，而最外层的壳即我们生活的地壳，有 800 千米厚。每个壳都有自己的磁极，且上面都有人居住，还有地下的太阳为他们照明。

◎ 图3.1　英国天文学家埃德蒙·哈雷

人们关于地球内部的描述之所以十分离奇，是因为地面以下的世界难以抵达，也难以观测。除了猜测，人们又有什么别的办法呢？这正是：

> 地下探索成瓶颈，引得众人说纷纷。
> 只恨没有窥地镜，可把地下看分明。

也许钻探是一个办法。20 世纪 50 年代末期，美国人启动了一项名为"莫霍面钻探计划"的工程。他们在太平洋洋底实施钻探，目的是深入地下以得到一块地幔样本。这项工程进行了 5 年，钻探从海拔 3350 米以下的水下向地壳深入了 183 米。但这个计划远远没有达到预定的目标。

接下来，苏联人开始发力了，他们在苏联西北端的科拉半岛钻了一个很深的窟窿，这个被称作"科拉超深钻孔"的窟窿现在被铁板密封着，是目前世界上最深的钻孔。

和美国人相比，苏联人更有耐性，他们在科拉半岛工作了 24 年，从 1970 年春天一直工作到 1994 年。最后，他们的钻头接触到了 27 亿年前的古老岩石层，那些岩石具有极难对付的性能，乃至于只要钻头后撤，钻出的孔就会重新合上。

　　至此，人类的耐性终于达到了极限；然而在太空中，情况则非常不同。此时，人类的太空探测器的发展正在飞速前进。在此期间，它们抵达了月球、火星，并且继续延伸。到了 20 世纪 90 年代早期，当人们停止在科拉半岛上的所有努力时，"旅行者一号"太空飞船已经飞越了冥王星轨道；而那个时候，人们在科拉半岛连续 24 年的钻探又抵达了怎样的深度呢？大约 12 千米，这个深度可以把珠穆朗玛峰放进去，大致完成了抵达地幔的一半路程；然而想想地球的直径为 12750 千米，这样的深度就依然只是一个极小的距离了。假若我们把地球看成一只苹果，那么科拉超深钻孔甚至还没有穿透它的苹果皮哩。有诗为证：

> 天上星辰可远观，脚下奥秘难近看。
> 莫道观天不容易，探地更是难上难。

　　今天人们知道，地球是一颗拥有分层结构的星球，它的中心是地核，处于距地表 2890 千米的地方，直径约为 6800 千米。那里和太阳的表面一样热，从那里产生的地球磁场阻挡和偏转了致命的宇宙射线和太阳辐射，形成了地球生命的保护屏（图 3.2）。若没有这样一个磁场屏障，我们的地球将毫无生气，只要看看荒芜的火星和金星就可以明白了。

◎　图3.2　地球磁场是地球生命的保护屏

14

地核的外面是地幔，大约开始于地表以下 24 千米的地方，厚度近 2900 千米。地幔的冷却需要时日，所以直到现在，地幔下部的温度依然有 2200 摄氏度。

当原始的地球冷却后，它的最外层就变成了一层薄薄的壳，这是人类唯一有所了解且抵达过的一个层面。地球上所有的矿藏、洞穴、峡谷、山脉、大海、江河和生物都存在于这样一个岩质的壳上。它非常薄，很像鸡蛋壳，但依比例看，它比鸡蛋壳还要薄，而人类却从未抵达过地球庞大的内部——地幔和地核。

但地球并不是一开始就是这样的，它在形成之初只是一个巨大的物质团，并没有明显的分层结构。后来，这个物质团发生了分化，最重的元素（例如绝大多数铁和一些镍）向中心沉降形成了地核，较轻的物质则浮在上面，形成了地幔和地壳（图 3.3）。

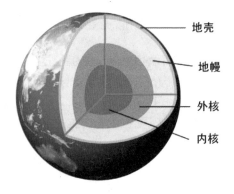

地壳

地幔

外核

内核

◎ 图3.3 地球的分层结构

一直到今天，人们也不能确定这个过程是如何发生的。一些人认为，地核的形成很突然，沉重的铁很快就沉到了地球的中心形成了地核，而另一些人则相信它们是一点点地沉下去的。

究竟地球的内部隐藏着怎样的秘密，人们仍然知之甚少。尽管如此，人们已经十分明白，在那极难抵达的深度一定有一些重大的事情正在发生着，它们与地面上的生命息息相关。

人们还有些怎样的办法来破解地下的奥秘，且听下回分解。

第四回

著论文奇思开脑洞，
识震波妙想解玄机

　　且说仰望星辰，俯察地理无一不是艰难的科学探索，然而相对于观天，人们对于地下世界的认识进展缓慢，于是有人便问了，难道就没有办法将人类的探测深度延伸到地幔甚至地核吗？有，来自美国加州理工学院的地球物理学家戴维·史蒂文森这样回答。这位科学家想，既然人们可以向太空发射探测器来探索太空的奥秘，那么，为什么就不能考虑向地心也发射一台探测器呢？

　　史蒂文森的构想是这样的：首先，在地球的表面引发一次爆炸，这个爆炸会在地面制造一个深达几百米的裂缝。它可以是核爆炸，也可以是常规爆炸，不过若是常规爆炸，所需的炸药就要 100 万吨。

　　接下来，人们便向这个裂缝中倾倒大量炽热的铁水，所需铁水的量至少为 11 万吨。由于铁水的密度约比周围的物质大 1 倍，它们便会在引力的作用下将裂缝向下延伸，一直抵达地核。由于周围岩石的压力，在铁水经过后，地面很快弥合，不会造成永久裂缝和其他灾难性的后果。

在这下降的铁水中隐藏着一台耐热的探测器，它有足球大小，和铁水一同向地核进发，并不停地记录数据，显示温度、压力、物质组成等。由于无线电波无法穿透固体的岩石，这台探测器必须自己振动，通过产生的一系列地震波传输数据，地面上非常敏感的地震仪就能收到它的信号了。

这篇论文发表后，很多人都质疑它的可行性，这显然是可以预料到的反应。首先，铁水的需求量太大，哪来这么多浇注到地下的铁水呢？其次，即使有了足够的铁水，探测器也不一定就能到达地核。例如，如何让铁水不冷凝就是一个很大的难题。再次，即使小小的探测器终于到达了地核，它又如何产生足以让地面地震仪探测到的地震波呢？

其实这种情况史蒂文森也是知道的，所以他把他的想法称为"一个温和的建议"，并以这句话作为论文的题目。这是因为在1729年，英国讽刺作家乔纳森·斯威夫特，即那部闻名于世的《格列佛游记》的作者也曾写过一篇名为《一个温和的建议》的讽刺性散文。在那篇散文中，斯威夫特故作一本正经地向爱尔兰统治者提出屠杀婴儿以供人食用的"建议"，从而极度辛辣地嘲讽了当时社会的黑暗和上流统治者的虚伪。史蒂文森认为，他的这个"向地心发送探测器"的设想也是"一个温和的建议"，其实是不可行的。

尽管实行起来不可能，史蒂文森却坚信，他的"建议"并没有违反任何物理法则，所以也并非毫无道理。史蒂文森认为，向地心发送探测器的设想显示了一种人类能够探测地核的可能性，同时也能激发人们更多地思考，这也正是他提出这个观点的真正目的。这正是：

科学探索要严谨，思维方式需创新。
奇思妙想亦可贵，激发智慧再前行。

显然，窥探地球内部的秘密需要更加切实可行的方法，而这种方法需要的仪器其实早在 1875 年就在北美出现了，那就是地震仪（图 4.1）。

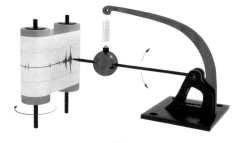

◎　图4.1　一种地震仪

1906 年，这种仪器记录了旧金山地震。到了 20 世纪的早些时候，地震仪已经被安装到了全球各地，形成了一个遍布全球的网络，使科学家们得以了解地震波如何从地球的一个地方传播到另一个地方。

地震波按传统方式可分为纵波（P 波）、横波（S 波）和面波（L 波）。其中，振动方向与传播方向一致的波为 P 波，振动方向与传播方向垂直的波为 S 波。前者引起上下波动，后者引起水平晃动。由于 P 波在花岗岩中的传播速度可以达到 5000 米 / 秒，比 S 波快得多，所以发生地震时，人们总是先感到上下颠簸，过了数秒或者十几秒后才感到水平晃动。一般来说，水平晃动是造成破坏的主要原因。

前面说到，地球拥有一个液态的铁核。在 20 世纪以前，多数科学家都是认同这个观点的，原因是，人们在分析地震波在地球内部的传播情况时发现地球的中心缺乏 S 波。由于 S 波只在固体中传播，P 波则能在固体、液体和气体中传播，所以人们认为，地球的中心缺乏 S 波是这种波抵达地核时碰到了液体的缘故。

1929 年，新西兰发生了一次强度达 7.8 级的大地震，它为科学家们研究地下结构提供了一次难得的机会。当时，全球各地的地震学家都在全神贯注地阅读地震仪上记录的数据，但他们都没有发现什么特别的东西，只有一位女士除外。她是丹麦地震学家英奇·莱曼。这位女士发现，一束 P 波偏转了传播方向。在她看来，这是非同寻常的。

莱曼开始怀疑，地核并非全是液态的，它的中间可能还有一个固态的铁核。1936 年，莱曼在一篇论文中指出，那束异常的 P 波在传播过程中一定在地核中遇到了密度更高的物质，这导致它偏转了方向。莱曼认定，地球液态的外核里还拥有一个固态的内核。

莱曼的这篇论文只用了一个字母作为标题：P，表示 P 波。她成了地球内核的发现者，并于 1971 年获得地学领域的最高奖威廉·鲍威奖。

内核的发现使人们对地球的基本结构和演化有了更加清晰的认识，也使更新的研究指向地核的形成和它如何制造了一个磁场，这两个问题的答案对地球生命的存在都是至关重要的。

现在我们知道，地球的核曾经的确完全是液态的，但后来因为冷却，慢慢地从内到外变成固态。内核的直径也渐渐变大，其速度大约为每年增加半毫米。随着地球的冷却，地球内部极大的压力最终使内核以固体的形式存在，而外核则是一个温度高达 8000 摄氏度的铁和镍的海洋。

莱曼对地核的描述是半个世纪以来人类对地球内部结构认识的重大突破。这位科学家于 1993 年辞世，活了 104 岁，她的最后一篇论文完成于她 98 岁的时候。这正是：

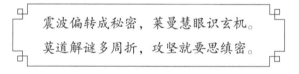

震波偏转成秘密，莱曼慧眼识玄机。
莫道解谜多周折，攻坚就要思缜密。

第五回

循环巧展地球美景，
机缘妙布宇宙绿洲

上回说到莱曼巧识地震波，发现了固态内核。随着人们对地球认识的一点点深入，人们的发现也越来越多。原来这个适于我们居住的世界好像是由一些互不相干的事物构成的，包括月亮的诞生、行星磁场的形成、板块的运动和水的存在等。但一旦它们汇集在了一起，一个奇迹便发生了：火山、板块、二氧化碳和海洋开始相互影响，并形成了一个不断循环的调节系统，最终把地球变成了宇宙中的"生命绿洲"。

火山为地球制造了一床"保暖被"，它把二氧化碳排进大气层中，地球因此变得足够温暖，温暖促使海水蒸发形成云，又以雨的形式落下来。而雨中包含着溶解了的二氧化碳，它们中的酸性物质和地面上的岩石发生反应后生成含碳物质进入水中。

水流进海洋，在那里水中的混合物在海床上渐渐沉淀成新的含碳物质，而板块运动又将这些含碳的岩石带到俯冲带。于是它们滑进了地幔中，在地球内部高温的作用下，岩石中的二氧化碳再一次通过火山排进了大气层中。

这是一个多么奇妙的循环啊！大自然用这种方式为地球上的所有生灵打造了一个无比巨大的"空调器"。首先，当地球变得很热的时候，雨量会增多（图5.1），大气中的二氧化碳被更快地带进海洋，于是地球凉了下去；而当地球变得过冷的时候，雨量又会减少，火山气体更多地沉积在大气中，二氧化碳随之增加，地球又暖和了起来。这正是：

火山板块加海洋，相互制约又影响。
调节系统作用大，从内到外大循环。

◎ 图5.1 当地球变得很热的时候，雨量会增多

今天我们知道，历史上的火星和金星也可能拥有过它们自己的"空调器"，但它们的"空调器"都没有像地球的这样长久稳定，因此最终遁入荒凉的命运。金星变成了一颗炽热星球，火星则变成了一个寒冷世界，是什么使它们走上了与地球完全不同的道路呢？

金星离太阳太近了，由于热量过高，金星的"空调器"是超负荷运转的，加上金星没有强大的磁场，太阳风便直接撞击金星的上层大气，并将大气中的粒子带入太空，因此金星大气中构成水分子的元素就这样遗失了。

失去水分的金星无法像地球那样通过水溶解空气中的二氧化碳，再把它们沉积到岩石里，于是二氧化碳便不得不进入到大气层中。经过数十亿年的积累，温室气体越来越浓，温室效应持续影响金星，使它仿佛裹上了一层厚厚的棉被，金星的温度不断升高，最后就变得炽热如火了（图5.2）。

◎　图5.2　炽热的金星表面

火星则是另外一种情形，它太小了，因此也无力维持"空调器"的运转。它的引力很难"抓"住大气中蕴含着热量的气体，而它的核又冷却得很快，所以它也没有自己的磁场。于是，太阳辐射便把火星上的水分子分解成了氢和氧，这使得金星的悲剧又在火星上重演——它也失去了自己的水。

现在回想起来，假若没有那次碰撞，地球就没有足够的热能在地核中驱动热对流运动，地球的磁场也不会形成；假若没有水，地壳就不能分解成构造板块；假若没有板块运动，地球上的碳循环就不会发生；假若上述现象中的任何一个没有出现，人类就不会诞生。从这个角度来说，地球的存在真的像一个奇迹。那么，我们的这个世界在宇宙中是否不可复制呢？

今天我们知道，宇宙中的行星有很多，它们千差万别，有些还很像我们的地球（图5.3），所以我们想象其中一些星球也拥有非常聪明的居民并非不合情理。那些居民也生活在很薄且不稳定的地壳上，他们进行钻探、监测，建立各种理论以力求理解存在于他们脚下的神秘世界，并且也在追问一个和我们共有的疑问，那就是在宇宙中，他们的世界是不是唯一的？

不过就目前所知，这样的居民还没有进入我们的视野。是我们没有

◎ 图5.3 宇宙中有很多行星

发现他们，还是他们根本就不存在？没有答案。我们目前所知道的就是，只有我们的地球是最棒的，它对生命最慈爱，也最慷慨；它的轨道位于火星和金星之间，与太阳保持着最佳的距离；它有适当的大小、运动的板块、不错的磁场，还有一个能稳定地轴的月亮。于是，只有它成功了，大地只有在它的拥抱下才有沧海桑田，万物只有在它的怀抱里才会欣欣向荣。

这就是地球，生命之母，文明摇篮，我们的家。这正是：

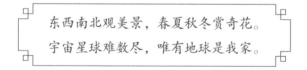

东西南北观美景，春夏秋冬赏奇花。
宇宙星球难数尽，唯有地球是我家。

各位看官，假若把地球的历史比作一首史诗，那么生命就是这首史诗中最动人心魄的章节。它的第一行"诗句"应该是从38亿年前开始的，那时的地球刚刚诞生了七八亿年，据说最早的生命就诞生在那个时候。

但生命发展到肉眼能够看到的程度用了非常漫长的时间，在那之后，它们便开始了艰苦卓绝的演化旅程。究竟它们经历了什么，又有哪些离奇的故事？欲知后事如何，且听下回分解。

第六回

生命起步时兴时衰，
肉身显形有存有亡

诗曰：

> 宇宙苍茫广无涯，唯见地球有芳华。
>
> 滔滔大洋生蛟龙，森森河湖产鱼虾。
>
> 琳琅满目五色果，色彩纷呈四季花。
>
> 欲知生机何处来，风雨过后现彩霞。

且说在地球的早年，它的环境极其恶劣，没有大气，陨星撞击，火山喷发，熔岩遍地，它非常不适合生命存在。

但这样的状态也许并没有维持多久。现在有科学家认为，在地球早年相当长的一段时间里，地球上的环境并没有此前认为的那样恶劣。那时地壳已经稳定，水和大气层也存在了，地球上的温度比我们先前认为的更低，湿度也可能更大，这种观点将地球上液态水的出现向前推进到了43亿年前；而以前的观点是，水是在38亿年前形成的。

假若上述观点是正确的，那么今天纷繁复杂的生命形态就很有可能来自那个时候就已经产生了的简单微生物。既然水和大气层已经存在，那么地壳就可以孕育生命了。

但在大约39亿年前，地球遭到了很多陨星的撞击（图6.1），那时的太阳系极不稳定，气体巨行星把一些物体拉进了内太阳系，这些物件纷纷以极快的速度撞向内行星。所以，在地质学家们的心目中，那个时代的地球频繁地遭受着撞击，其躁动不安的状态无异于地狱。那么，生命是如何躲过那场浩劫的呢？

使用现代计算机建模技术，科学家们可以在计算机上模拟当年陨星撞击地球的壮观景象。例如，假若陨星的直径达到500千米，它撞上地壳后就能造成剧烈的火山喷发，地面会覆盖上1200摄氏度的火山喷出物，其厚度可达350米。

然而即使是这样的撞击，它所带来的高温也并不能穿透固体地壳到达很深的地方。在这种撞击的肆虐下，110摄氏度（足以杀死微生物的

◎ 图6.1 地球遭到很多陨星的撞击

"杀菌点"温度）也只能深入到地下 300 米的地方。这就是说，假若那些微生物隐藏在很深的地下，它们就有希望活下来。这样的微生物被称为"极端高温微生物"，现在还可以在一些热泉中找到。它们可以生活在很深的地下，其最深点可达 4000 米。加上撞击还可以在岩石地壳区造成一些地下裂缝，它们也可以成为生命的庇护所，因为水可以通过裂缝注入地下。

不过对于那个时代的研究，人们的很多观点都不得不建立在合乎情理的推测之上。因为那是一个非常遥远的年代，人们可以获得的实证材料十分有限，所以究竟生命的历程是从何时开始的，现在依然没有形成统一而确切的说法。

现在我们知道，生命的记录真正变得丰富起来是从 6 亿年前的寒武纪开始的，但大约就是在那个时候，地球数次坠入了冰雪世界中，极寒是我们所知道的早期生命遭受的另一种劫难。

究竟是什么导致了那样的寒冷呢？人们提出了许多假说；有的说，在那个时候，地轴倾斜得厉害，以致连中纬度地区也得不到充足的阳光；还有的说，当时的地球拥有一个环，就像今天的土星环一样，就是这个环阻挡了阳光抵达地球；更有人认为，在那个时代，某种因素导致二氧化碳大量流失，于是地球被封冻了（图 6.2）。

◎ 图6.2 地球被封冻了

可以肯定的是，那时的地球即使没有环，它看上去也和今天迥然相异。那时所有的陆地都连成一片，巨大的海洋从南极一直延伸到北极，到处空旷荒凉，浩瀚无边。

假若地球上没有火山，这种封冻的状态也许会永无止境地持续下去。火山喷发的二氧化碳唤醒了沉睡的地球。在火山的作用下，大气中二氧化碳的含量逐渐升高，其浓度最终增长到含量低时的 350 倍，温室效应重新回到地球，冰层逐渐融化，地球上的气候又由极寒变得非常温暖起来。

这样的气候剧变被大自然记录在了岩层里，人们据此认为，在大约7亿至5亿年前的那段时间里，地球上这种由封冻到解冻的交替轮换重复了4次。每当封冻到来的时候，冰雪就统治了地球，从太空望去，那时的地球像一个"雪球"，没有蓝色的大海，没有白色的云彩，只有皑皑冰川，莽莽雪原。但见：

满目冰雪一片白，难见生机半点绿。
苍穹欲求片刻暖，无奈只得万年寒。

然而冰封的地球也并非生命的禁区，尽管那不是一个生命生存的理想场所，但一些生命依然可以在那种环境下存活下来。温泉和火山使一些地方保持温暖，这成了地球上的物种的避难所；一些真菌和藻类活了下来，它们甚至可以在冰雪里生存，它们带来的热量使一些地方出现小水潭，那里成了微小动植物的温床。

大约6亿年前，地球上终于出现了大量肉眼看得见且具有相应个体和坚硬骨骼的生物（图6.3）。这些生物的遗体容易在地层中形成化石，因而可以穿越亿万年的时光被今天的地质学家和古生物学家们找到。

◎ 图6.3　约6亿年前，地球上出现了肉眼看得见且具有相应个体和坚硬骨骼的生物

　　有一些动物非常简单，它们是一些不能动的球状体、盘状体和叶状体，同以后出现的动物很不一样，它们被称为"埃迪卡拉动物群"。

　　在埃迪卡拉动物群之外还出现了澄江生物群，这个生物群是我国科学家在云南澄江发现的。它的发现证明了在寒武纪时期，地球上出现了一次早期生命的繁荣景象，很多生物迅速出现，形成了一次蔚为壮观的"生命大爆发"。这些生物中有不少成了后来动物的先驱。这正是：

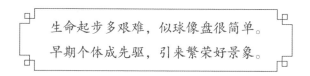

生命起步多艰难，似球像盘很简单。
早期个体成先驱，引来繁荣好景象。

　　那时的地球迈进到古生代时期，生命朝着多样化的方向迅猛发展，现在我们能看到的动物形态在那个时候大多已经出现了。这意味着，生命勇敢地迈出了演化征途上的一大步，然而后来的故事表明，它们的未来并非一帆风顺。欲知后事如何，且听下回分解。

第七回

大躁动古陆分二处，
猛喷发熔岩溢四野

　　且说在寒武纪时期，地球上出现了一次生命大爆发。至此，地球上的生命总算迈出了演化旅程上的重要一步。尽管早期的生命已经经历了一些曲折和波动，但它们的动荡生涯仿佛还没有真正开始。从 4.4 亿年前到 6500 万年前，地球上的生命又经历了几次规模更大的劫难，它们的遭遇比任何一个虚构出来的故事都跌宕起伏，动人心魄。

　　4.4 亿年前，地球上的大部分地区被浅海覆盖，海生无脊椎动物空前繁荣，有笔石、珊瑚、腕足动物、海百合、苔藓虫等。凶猛的肉食性动物鹦鹉螺是海洋中的霸主；陆生脊椎动物淡水无颚鱼首度现身海洋；海洋节肢动物三叶虫个头巨大，有坚硬的甲壳和针刺。那是一个水世界，是早期生命的乐园，地质学家们将那个时期称为奥陶纪。

　　然而很突然，一次大规模的生物灭绝事件发生了。三叶虫几近消失，同时消失的还有占当时物种数量近 80％ 的其他生物。

多少年来，科学家们都认为那次灭绝是由极寒造成的，因为一次全球规模的冰河时期在那时降临了。这种寒冷的时代后来被人们称为冰期，它使地球温度下降，水面封冻，海平面也大幅降低。

但那场冰期又是怎么形成的呢？有人推测，在 4.4 亿年前，一颗超大质量的恒星在距地球 1 万光年的地方爆炸了（图 7.1）。爆炸产生的伽马射线分解了大气层中的氮和氧，导致地球被一层呈褐色烟雾状的二氧化氮所笼罩，它们遮挡了太阳的热量，引发了冰期的降临。与此同时，由于臭氧层被破坏，地球上的生物完全暴露在太阳发出的致命紫外线的攻击之下。在这种情况下，除了海洋深处的生物能够幸免于难外，其他生物很难存活下来。

虽然这种推测没有被完全证实，但也是有依据的。人们发现，尽管当时有大量物种灭绝，但生活在海洋深处的一些物种幸存了下来。

那次大灭绝后，地球上的生命迹象几乎全部消失，生机勃勃的海洋变得死气沉沉，但生命并没有一蹶不振，它们用几十万年的时间恢复元气。到了大约 4 亿年前，地质时代进入到泥盆纪，水中出现了凶猛的鱼

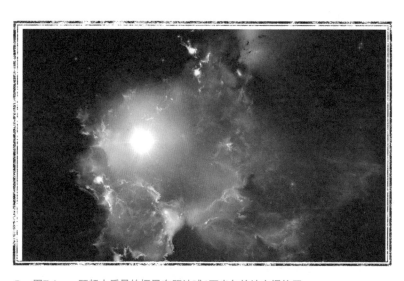

◎　图7.1　一颗超大质量的恒星在距地球1万光年的地方爆炸了

类（图7.2），植物和两栖类动物登上了陆地。有诗为证：

> 地球生命不简单，愈遭风雨愈坚强。
>
> 泥盆时代鱼儿欢，陆生植物大扩展。

然而，在大约3.77亿年前，大灭绝再次发生。西伯利亚地区的海床裂缝中涌出了大量熔岩，它们污染了海水，杀死了大量海洋生物。接下来，在长达200万年的时间里，各种灾难相继袭来，熔岩、有毒气体、缺氧的海水和寒冷的冰期接踵而至，最终导致75%的生物消失了。

◎ 图7.2 泥盆纪时水中出现了凶猛的鱼类

那次生物大灭绝被称为"泥盆纪大灭绝"。

泥盆纪大灭绝后，地球进入了石炭纪，它是古生代的第五纪，从3.5亿年前延续到2.86亿年前。那时地球已进入古生代的后期，生命变得繁盛起来，爬行类动物大量繁殖。在古生代的最后5000万年里，地球上的生物已经完全恢复生机勃勃的演化势态。

然而，几乎是突然间，陆地和海洋上的生物又一次灭绝了。这件事就发生在2.5亿年前古生代终结时的二叠纪和中生代开始时的三叠纪之间。

那次灭绝可谓铁证如山，因为它的细节被"写"在了石头上。那些石头就形成于灭绝事件发生的时候，其中的化石透露了隐藏在遥远时光中的秘密：一些生物突然消失了。例如，在二叠纪非常普遍的三叶虫化石在三叠纪的岩层中一下子消失得无影无踪了。

　　能够证明那次灭绝真实发生和说明其规模的证据还有人们在南非的卡陆盆地找到的印迹。现在的卡陆盆地是一片贫瘠的荒漠，但其 3 亿年前的地层由大量洪水冲积而成的沉积物构成，这表明 3 亿年前的卡陆盆地是一个非常潮湿的地方，生命在那里曾经盛极一时。然而紧挨着这个地层的新地层缺乏任何生命迹象，那里的地层被科学家们形容为"不毛地带"。卡陆盆地的地层印证了在二叠纪末期，地球曾一度堕入到生物灭绝灾难中的推断。

　　在二叠纪，地球上几乎所有的陆地都聚在一起，形成了一块超级大陆，人们称之为"泛大陆"。那时的地球只有一个大洋和一个小一些的海，这样一块超级大陆的形成改变了地球的气候，使绝大多数地方变得很温暖，而且很干燥。

　　由于进行光合作用的生物空前繁盛，那时的大气中充满了氧，其浓度比现在高得多。昆虫兴盛无比，天空中飞翔着翼展达 0.7 米的巨大蜻蜓和蟑螂。这样的大型昆虫在飞行时需要大量的氧，而大气中高浓度的氧则为这种昆虫的生存提供了保障。那时的森林中生活着以植物为食的巨大的爬行动物和两栖动物。鱼类统治着海洋，包括模样吓人的盾皮鱼（图 7.3），它们的身长可达 9 米。珊瑚和三叶虫（图 7.4）是海洋中的"旺族"。这番景象好生昌盛。但见：

◎　图7.3　盾皮鱼

◎　图7.4　三叶虫

32

> 处处密林藏异兽，滔滔大洋任鱼游。
>
> 弄潮尤喜千重浪，撒欢更爱万古陆。

各位看官，如此生机勃勃的世界，天青气朗，风和日丽，怎会发生生物大灭绝这样的事情呢？

原来，这欣欣向荣的景象只是一个表象，殊不知此时的地球正潜藏着巨大的危机，因为它的内部正在汇集巨大的压力。到了距今2.51亿年时，压力便释放了出来，导致泛大陆开始分裂。分裂是从大陆南部开始的，位置大约相当于现在非洲和南极板块相接的地方；紧接着，南北美洲又从欧洲和非洲分离出来，它们中间诞生了大西洋。

那时的地幔中聚集着强大的上升流，这是一种高温物质，产生于距地表2900千米的地幔和地核之间。当上升流接近地表时，附近的地壳便在强大的压力下开始向上隆起，地面上形成了一个巨大的拱顶。随着压力的增大，拱顶上又出现无数放射状裂缝，上升的高温物质开始熔化并和地壳中的一部分物质一起形成了熔岩。

就是在这个时候，可能某个突发的事件触发了火山喷发的"开关"。这个事件究竟是什么，人们有很多猜测，也许是剧烈的地质活动，也许是一颗小行星撞击了地球。总之，一场大喷发开始了（图7.5）。到处火

◎ 图7.5 一场大喷发开始了

光冲天，烟雾弥漫，被称为洪流玄武岩的熔岩漫延开来，动物们无处可逃。地球变得和地狱一样，地壳断裂，熔岩像泉水一样喷涌而出，流向四面八方，附近的任何生物都难逃一死。

火山不断地喷发，停止，再喷发，这个过程一直持续了 6 万年。原始洪流玄武岩假若覆盖美国，可使地面抬升约 1.6 千米！

伴随大规模的火山活动，地壳被水平拉伸，地势变得很低，海水涌了上来。与此同时，上升流的活动更加活跃。当相邻的两条缝隙连接起来形成更长的缝隙时，一连串海底山脉——中央山脉便崛起了。

到处充满的火山灰和各种难闻的气体，长时间滞留于大气层中，形成了一道挡住了太阳光线的屏障，地表突然变得黑暗和寒冷。

随后，包含在灰尘和气体云中的氮氧化合物和二氧化碳变成酸雨落下来，大气中的二氧化碳产生了温室效应，地球的气候又变得暖和起来。

这一连串变化接踵而至，相继袭来，各种动植物受到接二连三的打击。酸雨使大森林枯萎了（图7.6），草食动物因失去食物而大量死去，肉食动物随之步入它们的后尘；光合作用停止了，生物圈失去活力，大气中的含氧量骤然减少，巨大的飞行昆虫在短期内全部灭绝了。

二氧化碳的大量释放还造成海水的酸性大幅度增强，给了当时的海洋生物最后也是最致命的一击。假若海水的酸度过高，海洋生物的贝壳

◎　图7.6　酸雨使大森林枯萎了

和骨骼就会受到损害，它们也难以生成新的贝壳。这种制造贝壳的过程需要钙，称为钙化。一些海洋生物依靠钙化生成它们的壳，这类生物在酸化的海洋中首先遭到沉重打击，于是海洋食物链彻底断裂，一些处在食物链上游的生物相继灭绝了。

发生在海洋中的生态灾难又回头波及陆地，一场全球性的气候变暖和以异常天气为特征的气候变化使一些仅存下来的陆生动物进一步走向灭绝。这正是：

翻江倒海撼古陆，地动山摇毁苍生。
万千生灵随烟逝，从此天地大不同。

第八回

风平浪静渐遭困厄，
日红天暖突遇灾星

却说那次大灭绝之后地球慢慢地开始恢复生机，少数逃过劫难的幸存者成了新一轮动植物的祖先，其中包括恐龙的祖先。大灭绝虽然毫不留情地摧毁了旧有的生命体系，但也为新来者开辟了道路。

不过地球的恢复期很漫长，它用600万年为自己疗伤，且那新生的生命也已经属于完全不同的体系了。万物焕然一新，生命又开始了新的旅程。三叠纪中期，地球上的生物群又恢复了多样性。不过到了距今两亿年的三叠纪末期，地球上又出现了一次生物大灭绝。这就是三叠纪大灭绝，它摧毁了大约76%的物种。这时恐龙已经出现，它们征服了这块劫后余生的土地，逐渐统治了世界（图8.1）。三叠纪晚期，天空中出现了恐龙的近亲——翼龙；到了侏罗纪，出现了大型恐龙。气候变得很温暖，平均气温在10~15摄氏度，全球的冰都融化了，海平面比现在高200米以上，地球又变得宁静祥和起来。

◎　图8.1　恐龙征服了这块劫后余生的土地

恐龙似乎是一个脆弱的物种，因为人们听得最多的就是它们的灭绝，然而它们在地球上存在了1.7亿年。假若我们用一米长的一条线表示人类存在的时间，那么表示恐龙的那条线就要画到两三百米，相当于20层楼房那么高。

"恐龙之死"的确难以思量，因为没有任何化石记录显示它们是如何消失的。没有征兆，没有过程，甚至来不及让小恐龙钻出蛋壳。是谁谋杀了它们？

有人说是气候变迁灭绝了恐龙，有人说是地磁变化灭绝了恐龙，有人说是大陆漂移导致的环境变化灭绝了恐龙，有人说是有毒的植物灭绝了恐龙，有人说是冰期灭绝了恐龙……美国学者罗伯特·费利克斯在一本书中生动地描绘了恐龙在暴风雪中走向死亡的情景："喷发的火山就在它们身后，雪铺天盖地地下着。绝望的恐龙不顾一切地奔跑，它们的眼睛骨碌碌地转着，鼻子哼哧着，喉咙发出低沉的咆哮。那些最大最壮的恐龙跑在最前面，大自然用物竞天择、适者生存的法则赋予它们这样的权利；那些年幼体弱、个头矮小的恐龙落在后面。然而，这回的情形非常糟糕，前面的恐龙企图悬停在积雪之上，但越陷越深；与此同时，后面的恐龙又不断地涌来，于是最大最壮的恐龙被埋在了最下面……严寒是一个安静的杀手，它使恐龙的体温降低，那些睡去的恐龙再也没有醒来……"

一位科学家在研究了恐龙蛋后断言，在整个恐龙时代，恐龙蛋的壳变得越来越薄，说明恐龙们变得越来越肥胖和慵懒。在白垩纪末期丰饶的沼泽里，它们根本用不着为食物发愁，只顾进食和交配。于是数量剧增，由此带来的精神压力打破了恐龙体内激素的平衡，导致恐龙蛋的壳越来越薄，乃至于最终无法孵化后代了。

20 世纪 70 年代，美国加利福尼亚大学的地质学家沃尔特·阿尔瓦雷斯在意大利研究白垩纪和第三纪之间的地层。这层岩石被地质学家们称为 KT 界线。这位科学家发现，下层岩石中含有丰富的恐龙化石，但在 KT 界线的上面，恐龙化石就消失了。这层黑褐色的地层形成于白垩纪和第三纪之间生物大灭绝的时候，恐龙就是在那个时候灭绝的。

阿尔瓦雷斯取了一把 KT 界线的泥土交给他的父亲——诺贝尔物理学奖获得者路易斯·阿尔瓦雷斯（图 8.2）。在核化学家海伦·米歇尔斯和弗兰克·阿萨罗的协助下，老阿尔瓦雷斯分析了这些来自 KT 界线的泥土，结果发现泥土中含有含量极高的铱。在地球上，铱这种元素非常稀少，而在这个地层里，它的含量是其他地层中含量的 200 倍，它们来自哪里呢？只有地球

◎　图8.2　在KT界线地层前合影的阿尔瓦雷斯父子

外的物质（例如彗星、小行星）能带来如此丰富的铱。在后来的研究中，人们根据 KT 界线，在全球找到了 100 多处铱含量超高的地区，在这些地区还发现了冲击石英和陨石碎片。1980 年，科学家们发表了他们的研究结果：恐龙是被一颗小行星杀死的。

原来，6500 万年前的一天，一颗直径达 10 千米的小行星闯入地球大气层（图 8.3），落到了墨西哥犹卡坦半岛的西北端，撞击出了一个直径达 100 千米的大坑，释放的能量相当于冷战时期美苏核弹总当量的 1万倍。冲击波迅速扩散，海水瞬间蒸发，地面即刻隆起，海啸肆虐北美，

大量动植物被埋在了碎石之下，全球陷入一片烟尘之中。有诗为证：

> 无故怎遭雷霆怒，晴日何来走石风。
> 天昏地暗失日月，地动山摇无西东。

◎ 图8.3　一颗直径达10千米的小行星闯入地球大气层

地面山崩地裂，空中狂风呼啸，碎石从天而降，大火四处燃起，烟尘遮天蔽日。当时产生的尘埃的总重量大约为 700 亿吨，这样的重量约为 211000 座帝国大厦重量的总和。那烟尘扩散开来，形成了一个巨大的"遮阳罩"，覆盖了整个星球。撞击发生后，黑暗施展了巨大的魔力，对地球生态的打击异常沉重。

撞击发生 1 小时后，浪头高达 1000 米的巨大海啸冲向了美洲海岸（图 8.4），中纬度地区沿岸的动植物遭到毁灭性打击；3 小时后，冲天而起的尘土和气体覆盖全球，森林大火四处燃起，全球堕入一片黑暗之中，海洋和陆地上的光合作用停止了；一个月后，气温降至极低，天上下起了酸雨，植物几近枯萎，动物的食物严重不足；一年后，地球依然处在黑暗中，由于火山活动，地球内部散发出的热量和二氧化碳开始积蓄在大气层里。

撞击发生两年后，北极冰盖向南扩展，全球气温下降 16 摄氏度，整

◎　图8.4　巨大的海啸冲向
美洲海岸

个生态系统完全崩溃了。

撞击发生 6 年后，日照又恢复到撞击前的水平。由于撞击产生的二氧化碳和火山活动释放的热量进入了大气中，地球的表面产生了一个覆盖全球的保温层，于是气温又开始持续上升。

撞击发生 8 年后，陆地上的气温超过了撞击前的水平。最终，全球气温比撞击前上升了好几度，又有一些不适应气温变化的生物灭绝了。

面对这样的打击，恐龙自然在劫难逃，持续了约两亿年的中生代就此宣告结束。

各位看官，恐龙的故事本来到此就该结束了，然而随着后来新的发现越来越多，人们开始意识到，事情可能并非如此简单。新发现使人们对恐龙有了更多的了解，也使它们灭绝的真相变得更加动人心魄了。欲知后事如何，且听下回分解。

第九回

地球遭袭难中有难，
恐龙灭绝谜里藏谜

话说 6500 万年前，一颗陨星撞击了墨西哥犹卡坦半岛西北端，从而结束了地球的中生代，恐龙也在那场灾难中走向了灭绝。那次撞击留下了一个巨大的陨石坑遗迹，人们称之为"希克苏鲁伯陨石坑"。按说故事至此，就可以盖棺定论了，然而不然，后来的研究又使人们意识到，希克苏鲁伯陨石坑也许只能说明整个故事中的一个环节而已。

首先，让我们把目光投向印度西海岸靠近孟买的德干高原吧。那里堆积着大量火山玄武岩，面积达 50 万平方千米，人们称之为德干地盾。德干地盾是大规模火山爆发的遗迹，那次剧烈的火山活动大约发生在距今 6800 万至 6400 万年前。有一种观点认为，是形成德干地盾的大规模火山喷发杀死了恐龙。

原来，在希克苏鲁伯撞击事件发生之前，在地球的另一边，一场和撞击同样可怕的灾难已经持续了很长时间。在那个时候，印度还是一块独立的大陆，靠近马达加斯加，那里的德干火山喷出了 130 万立方千米熔岩和碎石。假若把这些喷出物堆积在美国的阿拉斯加，它会把世界上最高的摩天大楼都掩埋进去。

那次喷发比希克苏鲁伯撞击早 25 万年，但撞击发生后，喷发又持续了 50 万年。这表明德干火山的喷发和大灭绝的高峰期是一致的。这种时间上的一致性使一些人开始觉得希克苏鲁伯撞击也许不是大灭绝事件的"主犯"，似乎德干火山的喷发要比一次撞击危险得多。为了确定那次喷发的规模，科学家们开始寻找德干火山的标志物。就像铱成了希克苏鲁伯撞击的标志物一样，德干火山也有它的标志物，那就是汞。

在大自然中，绝大多数汞都来自火山喷发。大型的火山喷发会释放大量的汞，德干火山也不例外，它的喷发总共释放了 9900 万到 1.78 亿吨汞，其中的很多汞是在发生希克苏鲁伯撞击之前的地层中发现的。科学家们还在那种地层中发现了变成化石的浮游生物的壳，那些壳并不是健康的，它们又薄又脆，而它们所处的时代正是恐龙生活的时代。这表明德干火山释放了过多的二氧化碳，从而导致海水酸化，这对海洋生物造成了伤害。

德干火山的喷发开始后，大气中二氧化碳的含量升高，地球气温迎来了一个上升期。大约 15 万年后，第二次气温升高就伴随着希克苏鲁伯撞击出现了。而这两次气温升高的时间又和南极大陆的一些地方显示的生物灭绝率升高是一致的。

原来，在撞击发生前，当时的植物和动物就已经因火山喷发面临生存压力了，接下来，撞击发生了，生物灭绝的灾难被推到顶点。由此看来，不论是火山喷发还是小行星撞击，它们都造成了某种程度的生物灭绝（图 9.1），所以推断那次大规模的生物灭绝是由火山喷发和小行星撞击共同造成的。何以见得，有诗为证：

> 遇祸偏逢难中难，受寒却遇雪上霜。
> 时运不济天地动，上下夹击实难堪。

◎ 图9.1　火山喷发造成了某种程度的生物灭绝

有人猜测，恐龙在同一时间里遇到了两个致命的灾难，这也许并非仅仅是运气不好，因为小行星撞击和火山喷发有可能是相互联系的。这就是说，那次撞击可能产生了连锁反应，它引发了地震，加剧了德干火山的喷发。

然而令人惊讶的是，造成连锁反应的似乎还有一个更大的元凶。人们发现，德干火山并没有一直保持剧烈的活跃状态，而且喷发似乎也没有那么可怕，因为化石记录显示，恐龙在那个时候学会了和火山共存。不过，在6500万年前（也就是恐龙消失的那段时间）的层积物中，人们发现了一些巨大的呈塔尖状的火山岩，它们看起来像是花岗岩山峰被一股巨大的力量抛起来又落下后形成的，这样的事只有来自天外的小行星撞击才能够办到。

果然，到了1992年，人们在孟买沿岸的海水之下发现了一个巨大的疑似陨石坑的遗迹，它被认为有可能是6500万年前一颗直径为40千米的小行星撞击造成的。科学家们以印度教毁灭之神的名字将其命名为"湿婆"。

"湿婆"大约有600千米长，400千米宽，表明当年的爆炸规模比那个创造了希克苏鲁伯陨石坑的爆炸大100倍。它的巨大冲击力强烈地刺激了邻近的德干地区，引发了更大规模的火山活动。

那创造了"湿婆"的小行星当年可能是倾斜着从东南方向撞向印度

海岸的，它彻底摧毁了地壳，并将一部分上层的地幔物质也削掉了。它还将一座花岗岩山峰抛到了50千米的高空，这些花岗岩落下后又砸进了熔化状态的熔岩里。

长期以来，人们一直认为造成那次包括恐龙在内的生物大灭绝的元凶是砸出希克苏鲁伯陨石坑的那次撞击，然而假若那个叫"湿婆"的地球疤痕果真是撞击造成的话，那么希克苏鲁伯撞击就不是故事的全部，它只是其中的一个环节而已。

由此看来，在6500万年前，恐龙的境遇可能更加糟糕。它可能遭到两颗大型小行星的猛烈打击，这两颗小行星中的一颗砸在了墨西哥犹卡坦半岛，另一颗砸在了印度西海岸。它们可能原本就是一颗小行星，在空中分裂成两块后分别砸在了地球上的两个地方，撞击时间仅仅相隔几小时。这种情况在小天体撞击大行星时并不少见，最典型的事例就是1994年7月16日至24日砸向木星的苏梅克·利维9号彗星。这颗彗星在接近木星时，被木星巨大的引力撕成了21块碎片。它们排成一长串一个接一个地撞向木星，当时的整个过程都被天文学家们观测到了。

然而人们对希克苏鲁伯陨石坑进行的年代鉴定结果表明，那次发生在墨西哥犹卡坦半岛的撞击发生后，恐龙并没有消失，它们继续在地球上生存了30万年。这表明那两次撞击有可能并非同时到来，它们间隔了30万年。

30万年似乎很漫长，然而对于在地球上生存了1.7亿年的恐龙来说，这段时间极其短暂，只能算它们的最后时光。在这短暂的最后时光里，恐龙接二连三地遭受打击。除了希克苏鲁伯撞击外，还包括猛烈无比的火山喷发，而"湿婆"又给了它们致命的一击（图9.2）。

◎　图9.2　"湿婆"给了恐龙致命的一击

至此，恐龙的故事可以结束了吧。还不一定，因为人们在乌克兰又发现了比希克苏鲁伯陨石坑早数千年的撞击点，在撞击点内还发现了另外一次撞击的痕迹，但那次撞击又发生在希克苏鲁伯撞击事件之后。这引发了科学家们更多的猜想：恐龙是不是被一场陨星雨灭绝的呢？他们推测，在6500万年前恐龙灭绝的那段时间里，地球很可能正处在一场大规模的陨星雨中，这场陨星雨有可能是由近地天体的相撞引发的（图9.3）。

◎ 图9.3 恐龙可能遭遇了一场"陨星雨"

在地球上，生命的更迭原是极其正常的事。地球就好比一座大舞台，不同的生命在这个舞台上"你方唱罢我登场"，所以恐龙的消失也是必然。不过，它们的表演十分精彩，它们的谢幕更是悲壮惨烈，令人叹惋。这正是：

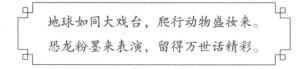

地球如同大戏台，爬行动物盛妆来。
恐龙粉墨来表演，留得万世话精彩。

恐龙的谢幕意味着爬行动物在陆地上的"生物表演秀"落下了帷幕，但地球上还存在着更加辽阔的海洋，那里是一个更大的生命舞台。欲知海洋里又有什么事情发生，且听下回分解。

第十回

魔兽无惧告别陆地，
蛟龙有勇称霸海洋

　　且说恐龙时代的"生物表演秀"并非只发生在陆地上。当最早的恐龙开始统治陆地的时候，一些勇敢的爬行动物也尝试探索海洋，它们中的一些成功地进入了波涛汹涌的大海。后来，这些动物成了海洋的主宰，它们的角色很像今天仍然活跃在大海中的鲸、海豚和海豹。

　　2.51亿年前的二叠纪大灭绝是生命史上规模最大的生命清洗，海洋生命遭受了致命的打击。经过了那次灭绝，每20种海洋动物中只有一种幸存了下来。

　　于是被清空了的海洋为爬行动物乘虚而入提供了适宜的条件。那时的气候比现在温暖，气温比现在高几度，非常适合冷血的爬行动物生存。它们呼吸空气，表明它们在二叠纪后期低氧的水中也能茁壮成长，而鱼类在那种环境中只能苟延残喘。在当时的海洋里，大型的肉食鱼类很稀少。

于是恐龙时代的海洋也成了生物们你争我夺的生存竞技场。海洋霸主应运而生。它们处于食物链的顶端，很像今天大海中的鲨鱼和逆戟鲸，其中一些具有漂亮的流线型体形，且游得很快；有些拥有极大的个头，长度相当于一辆校车。

海洋爬行动物在整个中生代都在演化，有些演化得非常庞大和凶猛，它们开启了海洋爬行动物的"魔兽时代"。何以见得，有诗为证：

远古海洋巨兽生，搅得大洋起翻腾。

莫道陆上恐龙猛，更有蛟龙浪里争。

"魔兽时代"的第一个成功者是鱼龙（图10.1），化石记录表明它们大约出现于2.45亿年前。这种巨兽可长达23米，也许是我们这颗星球上曾经生活过的最大的肉食动物。

◎　图10.1　鱼龙

早期的鱼龙很像鳗鱼，生活在靠近海岸的地方，其中一些保留着它们祖先类似蜥蜴的特性，但另一些则发生了明显的变化。至少有一部分鱼龙的生活同今天的爬行动物是不相同的。例如，今天的海鬣蜥依然离不开陆地，它们必须爬上岸晒太阳以保持体温，维持身体中正常的生物化学活动；但许多鱼龙已经不需要如此了，它们的体内可以产生一部分热量，它们巨大的身躯也有利于维持体温，因此，这部分鱼龙便永远告别了陆地，从此像鱼一样离不开水了。

有些鱼龙有了非常符合流体力学原理的流线型体形，它们原来的腿变得短而平；脚趾连在一起变成柔软光滑的鳍，可以灵活地左右摆动，游弋速度加快了，达到每秒 1 米，和今天海洋中的蓝鳍金枪鱼和黄鳍金枪鱼不相上下。

另外一些鱼龙，特别是早期的种类却依然部分保留着蜥蜴的体形，它们有长长的尾和柔软的脊，游动的速度没有前一种快。有些生物学家甚至认为，这种鱼龙的波浪式游动还会影响到它们的呼吸，因为用那种方式高速游动并同时呼吸是很困难的。所以，他们推测，这些鱼龙也许会采取跳跃的方式行动，它们在游动时会不时跃出水面，就像今天的海豚一样。鱼龙以这种方式在捕食过程中吸取足够的氧，并得以游弋很长的距离。

人们在鱼龙化石的腹中发现了大量箭石，它们是已经灭绝的、与乌贼有亲缘关系的头足纲动物。人们也在鱼龙化石的腹中找到了一些尚未消化的鱼和海龟的遗迹，那些海龟有 6 厘米大小，它们有些被整个地吞进鱼龙的肚里，有些被鱼龙的牙碾碎了。在一只尚未成年的鱼龙嘴里，人们发现了 200 颗牙，它们是圆锥形的，每颗有 4 厘米长，1 ~ 2 厘米突出在牙龈的外面。鱼龙用这些牙碾压食物，然后再将它们吞进肚里。

有些鱼龙可以潜得很深，这样推断的一个重要证据是它们极大的眼睛。这种鱼龙叫大眼鱼龙。一种身长只有 9 米的大眼鱼龙拥有一对直径超过 26 厘米的大眼睛，这双大眼睛看上去像一对盛食物的大盘子。这是迄今人们发现的世界上最大的眼睛。另一种大眼鱼龙很小，身长只有 4 米，它们眼睛的直径却超过 22 厘米。相对于它们的身体而言，这也是一对大得出奇的眼睛。科学家们迄今也没有发现其他眼睛和身体的比例如此超常的动物。

不过在今天的海洋里，也有一些眼睛大得出奇的家伙。有一种巨大的乌贼，它们眼睛的直径可达到 25 厘米，蓝鲸的眼睛的直径也可达到 15 厘米。

大眼鱼龙的大眼睛表明它们的视力比现在最典型的夜行性哺乳动物还要发达，它们能在水下 500 米深的地方看见活动的物体，从而方便捕食鱿鱼和其他头足纲动物，例如现在已经灭绝的箭石等。人类的眼睛在那样的地方什么也看不见。

　　不过现代的哺乳动物（例如海豹）虽然没有那样大的眼睛，但它们同样可以在深水中灵活地捕食，因为它们拥有其他灵敏的感觉器，例如触须等。触须可以探测动物活动时水流的变化，而一些鲸则依靠声呐追逐猎物。人们认为，很可能部分鱼龙也拥有类似的探测系统，因为尽管它们有很大的眼睛，它们的正前方却是一块不小的盲区，鱼龙也许不得不依靠某种感觉器来探测它们眼睛看不到的地方。

　　鱼龙们在史前的大海里游弋了 1.5 亿年，其中的一些甚至发展成了最大的海洋爬行动物。

　　到了 2 亿年前的侏罗纪，鱼龙迎来了黄金时代（图 10.2），那时它们的数量比其他海洋爬行动物都多，还成了首个征服深海的物种。

◎　图10.2　侏罗纪时鱼龙迎来了黄金时代

　　鱼龙种类的多少和地球上的气候变化密切相关。从化石发现的情况看，当气候温暖适宜时，它们便相当繁盛，种类很多；而在气候寒冷恶劣的时候，它们的种类就减少了。

　　鱼龙和恐龙几乎在同一个时候出现在地球上，但它们灭绝的时间并不一样，鱼龙消失于 9000 万年前，而恐龙则是在鱼龙灭绝了 2500 万年后才从地球上消失的。这正是：

> 鱼龙本领不寻常，告别陆地爱海洋。
> 身体变化脚成鳍，大眼如炬好逞强。

　　鱼龙虽然凶猛，但它们并不是当时海洋中唯一的霸主。除鱼龙之外，海洋中又陆续出现了其他巨兽，竞争也更加激烈。究竟海洋中出现了怎样的巨兽，它们又迎来了怎样的结局？欲知后事如何，且听下回分解。

第十一回

上回讲到鱼龙，它们是史前海洋巨兽中的第一个成功者，但它们不是唯一的成功者。大约在距今 2.05 亿年前，大海中又出现了一种新的水生爬行动物——蛇颈龙。它们的身体很宽，有蹼和短尾。一些奇特的蛇颈龙还拥有很长的脖子（图11.1）。

◎ 图11.1 蛇颈龙

蛇颈龙在生物学意义上的重心就是它们的长脖子，这个长脖子比它们身体和尾巴的总长还要长。薄板龙是蛇颈龙的一种，它们的脖子有72块椎骨，其椎骨数量比人们所知的任何动物都多。长脖子有助于蛇颈龙潜到鱼群的下面借助明亮的天空背景追捕鱼类，因为长脖子使它们更容易借助鱼群的盲点从下面或者后面接近目标，然后在鱼群警觉之前猎食它们。长脖子也可以将下面的猎物搅得惊惶失措，并将身体浮在猎物之上。长脖子是那个时代的一种极其巧妙的捕食机器，它使蛇颈龙能够得着很远的地方，然后将猎物追上吃掉。长脖子也使蛇颈龙在追捕鱼类和鱿鱼的时候非常灵活。

然而这种奇妙的捕食机器在白垩纪末期的海洋里消失了，长颈也成了动物们辉煌的过去。这正是：

> 自然演化真奇妙，长颈灵活又机巧。
> 浪里翻飞本领大，捕捉猎物是个宝。

蛇颈龙有一个近亲，那就是上龙（图11.2），出现于侏罗纪早期。虽然它们和蛇颈龙是近亲，但外形差别很大。蛇颈龙有很长的脖子、小脑袋、优雅的身体，而上龙的脖子很短，身

◎　图11.2　上龙

体很大，脑袋也大。尽管蛇颈龙的身长可达14米，但其中的大部分都被它们的脖子占据了。和它们的亲戚上龙相比，蛇颈龙的凶悍程度稍逊一筹。在中生代的海洋里，上龙毫无疑问是处于食物链最顶端的掠食者。

上龙也可能非常庞大，人们在英国发现了一个长达3米的上龙下颌。

据此推测，这种上龙的身长为 18 米，体重为 30 吨。相比较而言，一只成年暴龙也只有 7 吨重。

上龙不仅个头巨大，而且非常凶猛。人们发现，一只 11 米长、名为克柔龙的澳大利亚上龙曾以蛇颈龙为食，这一点从它胃中的内容物反映了出来。克柔龙生活于 1 亿年前，和现代的鳄鱼相比，它们下颌的力量更大，长颈的蛇颈龙自然不是它们的对手。

不知什么原因，在距今 9000 万年前，庞大的上龙灭绝了，但它们空出的生态位很快便有了继任者，那就是从巨蜥演化而来的沧龙（图 11.3）。人们在约旦河西岸的拉马拉附近发现了一种生活于 9800 万年前的沧龙，它们看来能在陆地上活动，而且和在水中一样灵活，但后来沧龙演化成了完全的海洋动物。

◎　图11.3　沧龙

沧龙刚出现的时候很小，其中一种早期的种类只有 1 米长，但后来就不同了，有些沧龙渐渐地变得很大，长度达到 15 米，最大的达到 17 米。像上龙一样，沧龙也处在食物链的顶端，它们吃鱼类、乌贼、龟、蛇颈龙，甚至自己的同类。在海洋巨兽的竞争中，它们变成了凶猛的斗士。沧龙的化石在各大洲都有发现，说明它们的活动遍及全球。它们消失于 6600 万年前，和恐龙灭绝的时间大致相同。有诗为证：

> 海洋巨兽皆凶猛，更有沧龙尤不同。
> 恶劣环境成考验，竞争舞台显神通。

在沧龙演化的最后阶段，它们显示出了一种有趣的演化趋势。原始的沧龙身体修长，游起来像鳗鱼，然而一段时间后，它们的身体变得强

53

壮了，渐渐地只靠摆动尾巴游动，像一只鲨了。这个过程在一种名为浮龙的沧龙身上表现得尤为突出，这是科学家们知道得最晚的一种沧龙。在大自然里，有一种名为"趋同演化"的现象，即在演化过程中，如果不同的物种生活在相同的环境里，它们便有可能在功能和形体上变得相似，以适应相同的环境。这一点在沧龙的身上有所体现，作为趋同演化的一个实例，它们的身体很接近鱼龙。

在白垩纪晚期，鱼龙、蛇颈龙、上龙和沧龙都灭绝了，这些不可思议的海洋爬行动物即使再强悍也抵挡不住环境的剧变和食物链的突然断裂。

当凶猛的海洋巨兽纷纷结束了它们的"生物表演秀"后，远古海洋爬行动物的"魔兽时代"便终于落下了帷幕，然而，它们留下的空白不久就得到了填充。大约1000万年后，巴基鲸，一种看上去有点像狼的肉食性哺乳动物小心翼翼地尝试在水中生活，于是新一轮的对海洋的入侵又开始了。这轮入侵的结果是，海洋中有了我们今天看到的现代鲸类（图11.4）。

◎ 图11.4 海洋中有了今天看到的现代鲸类

海洋爬行动物是动物演化史中的重要角色。18世纪，当人们发现了最早的沧龙化石后，生物灭绝的概念才得以确立。到了19世纪早期，人们又发现了鱼龙和蛇颈龙化石，这两项重大发现帮助科学家们创立了古生物学。于是，19世纪上半叶，海洋爬行动物成了人们最易理解的一种灭绝了的巨兽，并在当时的科学争论中为达尔文创立进化论发挥了重要作用。

不过海洋爬行动物后来渐渐淡出了人们的视线，因为它们的陆上亲戚——恐龙占据了舞台的中央，引发了极大的关注。从此以后，有关海洋爬行动物的研究几乎花了一个世纪才从恐龙的阴影中走出来。

6500 万年前的那次生物灭绝事件后，地球迎来了新生代，以前统治地球的爬行动物缩小了它们的统治空间，而小型哺乳动物则利用这次灭绝向多样化和大型化的方向迅速发展，它们演变成了生命舞台上的主角，地球也进入了哺乳动物时代。

各位看官，须知在新生代中大约 250 万年前到今天的这段时间里，地球主要处在寒冷的冰河时期。对于许多生物来说，寒冷都是严峻的考验，而作为哺乳动物一员的人类就是在这个时候登上生命舞台的（图11.5 ）。这是地球作为一颗行星的重要时刻，因为这意味着它的天幕正在缓缓地显露一抹美丽的曙色，一个伟大的时代正在降临——文明即将来到这颗星球上。这正是：

灭绝本是凄凉景，更生却能促演进。
哺乳动物成主人，迎来天地一片新。

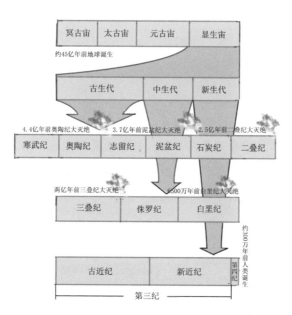

◎　图11.5　地质时代大事年表

第十二回

冰封大海几时冬去，
雪锁荒原何日春来

诗曰：

> 刚见冬雪映朝日，又觉春柳拂黄昏。
> 霜冷严冬寒流急，日高盛夏暑气蒸。
> 物换星移显时节，凉来暑去弄苍生。
> 气候冷暖缘何起，天地运行道理真。

前回说到，地球曾经有过大规模的寒冷时代，那时气温下降，水面封冻，海平面大幅降低，人们把这种寒冷的时代称为冰河时代。在冰河时代，极地和高山地区的地表出现大规模的沿地面运动的冰川。在重力的作用下，它们的活动改变了地球的面貌。

1742年，瑞士地理学家皮埃尔·马特尔造访阿尔卑斯山的夏蒙尼山谷。两年后，他在"旅行见闻"中报道说，那个山谷的居民把那些大小不一的石块四散分布的状态归咎于冰川的作用，那些岩石被称为漂砾（图12.1）。人们认为，它

◎ 图12.1 漂砾

们是被冰川搬运到现在的位置的。此后，类似的说法就连续不断地出现了。1815年，一位木匠兼猎人解释说，瑞士瓦莱州巴涅斯山谷中那些奇怪的大石头都是很久以前冰川扩张带来的。另一位来自瑞士伯尔尼高地的伐木工也这样解释了巨石的来源，这种观点还出现在歌德的科学著作中。在其他地方，这样的解释也同样能够找到。例如，德国博物学家恩斯特·冯·比布拉在1849至1850年访问智利安第斯山脉时，就得知当地人将冰碛石的形成归因于冰川的作用。今天我们知道，冰碛石是曾经冻结在冰川中的石块通过碾压、撞击、磨蚀后形成的，主要分布在曾经出现过冰川的地区。

与此同时，欧洲学者也开始寻找这类不稳定物质移动扩散的原因。从18世纪中叶开始，一些人就认为这种情况是由冰川造成的，冰川作为一种搬运力将那些不稳定的物质挪动了位置。1795年，苏格兰哲学家、博物学家詹姆斯·赫顿用冰川的作用解释了阿尔卑斯山上那些游移不定的巨石的运动。

在这个时期，明确提出这种观点并产生了广泛影响的学者是瑞士地质学家路易斯·阿加西。这位科学家研究了北欧地区存在的大量巨石和裸露的砾石后认为，它们都是冰河时期冰川的遗迹。在冰河时期，冰川把巨石从高处推到地势较低的地方，后来气候回暖，冰川消融，这些巨石就留在了裸露的地面上。而在此之前，人们都是用《圣经》中大洪水的故事来解释那些巨石的（图12.2）。《圣经·旧约·创世记》中说，上帝见人类罪恶极大，引发了大洪水，大地被洪水淹没，只有挪亚方舟上

◎ 图12.2 过去人们是用《圣经》中大洪水的故事来解释那些巨石的

的生物才得以幸免。所以，在阿加西提出观点以前，人们一般都认为那些裸露的巨石和砾石是大洪水退去后的遗迹。阿加西不同意这种说法，他认定那是冰川侵蚀和沉积的遗迹，表明大型的大陆冰川曾经把极地冰盖延伸到现在属于温带的地方。1840年，阿加西出版了《冰川研究》一书，首次对冰川进行了系统的描述。他说："在过去的地质时代中，巨大的冰层曾经覆盖地球的大部分地区，包括目前没有冰川存在的很多地区，所以那些裸露的砾石只能来自冰川的搬运。很显然，和现在见到的冰川相比，过去冰川的覆盖范围一定大得多。"这正是：

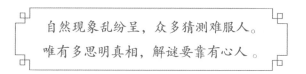

自然现象乱纷呈，众多猜测难服人。
唯有多思明真相，解谜要靠有心人。

　　现在我们知道，地球上的气候总是进行着时间跨度很大的冷暖交替。当寒冷到来的时候，大气和地表长期处于低温状态，极地和山脉被冰雪覆盖，乃至于冰川扩展到整个大陆，这时地球便进入了冰河时期。当冰河时代结束后，气温回升，地球又迎来一段温暖的时期，直到下一个冰河时代卷土重来。人们将寒冷的冰河时代称为冰期，两次冰期之间的温暖时期称为间冰期。

　　在地球几十亿年的历史中，地球经历过多次冰期。当冰期出现的时候，地球便坠入无边的寒冷中，封冻一直延伸到高纬度地区。地球上仿佛只有严冬，没有解冻的春天，生命承受着严峻的考验。大致来说，仅仅从古生代到现在，地球上就经历过 3 次冰期，分别出现于 6.8 亿至 5.7 亿年前，3.5 亿至 2.5 亿年前，250 万至 1 万年前。每当冰期到来时，地球便坠入严寒中，冰川大肆延伸，海平面大幅下降，这种状态可长达上亿年。

然而即使在这样的冰期里，寒冷的状态也并非铁板一块，它的里面还有更小尺度的冷暖交替，也会出现冰川的扩展和萎缩。这时人们同样将冰川扩展的时期称为冰期，两个冰期之间较为温暖的时期称为间冰期，于是就形成了大小两种时间尺度的冰期。为了便于区别，人们常将大时间尺度的冰期称为"大冰期"。

大冰期是怎么来的呢？有一种看法是，大冰期的形成与地球在银河系内的运行有关（图 12.3）。在银河系内，地球随着太阳绕银心运行，这种运行可能引发了地球气候在时间周期上的大尺度变化，从而导致了大冰期的反复降临。

地球上最后一个大冰期叫"第四纪大冰期"，它开始于距今 300 万至 200 万年前。这次冰期的规模很大，冰盖延伸到南北纬 40 至 50 度，气温比现在低 5 至 10 摄氏度。由于气温低，一部分海水变成冰迁移到陆地上，导致海平面比现在低 100 米以上。但第四纪大冰期中也有温暖

◎ 图12.3 大冰期的形成与地球在银河系内的运行有关

的时候，每当这时，气温就上升，雪线升高，冰川后撤，出现间冰期。这正是：

> 地球气候多起落，时暖时寒结冰河。
> 冰期有长亦有短，冷暖起伏奥妙多。

第四纪大冰期中离我们最近的一个冰期叫末次冰期，它开始于7万年前，结束于1.1万年前，此后地球就又进入一个相对温暖的间冰期，而那时也正是人类社会开始有了文字记载的时候。

第四纪大冰期是早期人类生活的大舞台，原始人类正是在第四纪大冰期的冰原上创造了丰富的原始文化，并逐渐发展成现代人。

然而导致冷暖变化的力量究竟是什么呢？从发现冰河时代之日起就有人尝试解释这种气候现象发生的原因，其中詹姆斯·克罗尔是第一个尝试用天文学来解释这种气候现象的人。他从天体物理学的角度解释了冰期的来源，并预测在未来地球还将重新回到冰河时代。

克罗尔于1821年出生在苏格兰的一个贫寒家庭，他从小帮家里干活，也零星接受过一点早期教育。由于家贫，他不得不在十几岁便出去做工，做过各种各样的工作——木匠、轮胎工学徒、保险推销员、禁酒旅店管理员等，最后他在斯特拉斯克莱德大学当了一名门卫。

克罗尔酷爱自然科学，每当工作结束，夜幕降临，他便在静悄悄的大学图书馆里自学物理、数学和天文学。慢慢地，他开始思考地球的运动及这种运动对气候的影响。克罗尔认为，地球轨道的周期性变化会导致照射到地面不同部分的阳光发生改变，这是冰期产生和消失的原因。

克罗尔从理论上推测，地球轨道的变化还有可能改变信风的模式，导致温暖的气流发生偏转，从而带来更少的热量和更多的冰，而更多的冰又会导致更多的阳光被反射，这形成了一个循环。例如，冰雪的扩张会使地面反射热量的能力增加，从而加剧地面的寒冷程度，而融化则使地面反射热量的能力减弱，从而减缓地面的寒冷程度。这样的循环会周而复始地进行下去，地球也因此被一次次地带进寒冷的冰河时代（图12.4）。克罗尔依据地球运动的状态解释地球的气候现象，这在当时是很有开创性的思维，因为在他之前还从未有人从天文学的角度对地球的气候变化做出这样的解释。

克罗尔把他的想法写成了一系列论文，这些论文在科学界引起了广泛的讨论，一些科学家开始接受地球上的有些地区在以前某个时期处于冰川控制之下的观点。1876年，克罗尔被选为英国皇家学会会士，并被斯特拉斯克莱德大学授予荣誉学士学位。这正是：

◎　图12.4　冰河时代中的地球

> 立志探索加勤奋，好学多思勇攀登。
> 借来科学光一束，照亮奋进后来人。

然而到了19世纪末期，克罗尔的理论遭到了普遍的质疑，而就在这时一位年轻人也要崭露头角了。他不仅将成为克罗尔理论的捍卫者，还建立了一个更为完善的体系，从而将解释冰川气候的理论推向一个全新的高度。究竟这位年轻人是谁，他又是怎样破解地球气候变化的秘密的？欲知后事如何，且听下回分解。

第十三回

建理论妙算解难题，
创学说苦思破迷津

　　且说克罗尔为了破解冰川气候之谜，勤学多思，殚精竭虑，终于提出了一种从天文学角度解释冰川现象的理论。然而到了 19 世纪末期，他的理论又遭到了普遍的怀疑。这时一位年轻人走了出来，他叫米卢廷·米兰科维奇，是一位塞尔维亚科学家。

　　米兰科维奇出生于多瑙河岸边的达利村，8 岁时父亲去世，他和弟弟妹妹们由母亲、祖母和叔叔养大。可喜的是米兰科维奇的家庭很富有，亲友中亦不乏在学术上颇有建树的人，如哲学家、发明家和诗人等，所以米兰科维奇的早年成长环境十分优越。他在家里完成了启蒙教育后便去离家不远的城市奥西耶克上中学。

　　17 岁时，米兰科维奇来到了维也纳（图 13.1），在维也纳学习土木工程。当时的维也纳是奥匈帝国的首都，文化繁荣，人们思想活跃，名家巨擘荟萃。米兰科维奇在那里如鱼得水，十分惬意。他在回忆那段生

◎　图13.1　维也纳

活时特地提到了他的一位数学老师。他写道："老师的每句话都严谨且饱含理性思维，没有多余的词，没有任何错误。"

　　米兰科维奇在维也纳学到了很多东西，获得了土木工程博士学位，并受聘在维也纳的一家工程公司工作。他擅长数学，这对他的设计事业帮助很大。米兰科维奇的设计生涯非常顺利，大坝、桥梁、高架桥、渡槽和其他钢筋混凝土结构都在他的设计之下成为优秀之作，这让他获得了很好的声誉，也赚了很多钱。

　　然而相比较于土木工程，米兰科维奇更醉心于数学和天文学。为了获得一个安静的环境思考和整理他的纯理论研究，米兰科维奇出人意料地放弃了丰厚的收入来到贝尔格莱德。他在贝尔格莱德大学谋到了一个教席，担任应用数学副教授，讲授理论物理学、古典力学和天体力学。这正是：

> 土木设计功名成，自有主见定前程。
> 古来俊杰多奇志，不做碌碌平庸人。

　　来到贝尔格莱德后，米兰科维奇开始研究地球气候的演化和冰期现象。他计算了地球日照的强度，发展出了一个描述地球气候的数学理论。他的目标是建立一种精确的理论将行星表面的温度变化与它们围绕太阳运行时的运动状态联系起来。他试图构建一个基于宇宙运行机制的数学模型，以便于描述地球的气候史和地质史。他写道："这样的理论应该能在时间和空间上重现地球的气候并用于预测地球气候的未来。"

1914 年，米兰科维奇发表了一篇名为《关于冰河期的天文理论问题》的论文。在这篇论文中，他认为地球在轨道上的运行状态和地轴的倾斜度在数万年间不断变化着，这种变化引起了地球表面日照的变化，从而导致冰期和间冰期的交替反复。这篇论文为他的冰期理论打下了坚实的基石。

然而这篇论文发表的那一年正值第一次世界大战爆发，没有人理会米兰科维奇和他的冰期理论。米兰科维奇自己也身不由己地卷进了战争的旋涡，他很快被奥地利、匈牙利军团关进了牢房里。即使在牢房里，他也在为完成他的理论研究不倦地工作着。后来，他回忆了那段不寻常的日子。写道："沉重的铁门关上了……我坐在床上，环顾四周，开始考虑我的新社交环境……在我随身携带的行李中有我已经打印好了的文稿，有刚刚着手解决的宇宙难题，还有一些空白的纸张。我看了看我的作品，拿起我忠实的钢笔，开始写作和计算……每当午夜来临，我环视那个房间，总需要一些时间来确定我正身处何地。在我看来，这个小小的房间就像是在宇宙航行中我暂时住了一个晚上的地方。"

好在监狱的生活并不长，不久他获得释放，被羁留在匈牙利的布达佩斯。在那里，米兰科维奇获有了相对安静的研究环境，于是他又开始了对太阳系行星气候的研究工作。

1916 年，米兰科维奇发表了一篇题为《火星气候研究》的论文，证明火星的气候极其严酷。米兰科维奇计算出火星低层大气的平均温度为零下 45 摄氏度。除了火星，他还研究了金星和水星，也计算了月球表面的温度。他知道月亮上的一个白天相当于地球上的约半个月，这也是一个夜晚的长度。米兰科维奇计算出月球的表面温度在白天达到 100.5 摄氏度，而在清晨为零下 58 摄氏度。仅靠一支笔的计算，米兰科维奇得到的结果和现代科技测得的数据相差无几。

　　在布达佩斯待了4年后，战争终于结束了，米兰科维奇又回到了贝尔格莱德，成为贝尔格莱德大学的全职教授，继续他的研究和教授生涯。在这个时期，他终于实现了他的夙愿，建立了一个具有重建过去和预测未来能力的数值气候模型；创立了一个基于日照的广义的数学理论；在法国巴黎出版了用法文写成的著作《太阳辐射造成的热现象数学理论》。在这本书中，他对到达地球表面的日照量进行了计算，进一步明确地阐述了他的观点。他认为，天文学意义上的地球运动是导致冰期、间冰期交替出现的原因。

　　米兰科维奇说，至少有3个天文学意义上的因素导致了冰期和间冰期的交替出现，它们是地球自转轴的倾角、地球轨道的偏心率以及地球自转轴的岁差运动。

　　现在地球自转轴的倾角是23.5度，但在漫长的地质年代里，这个倾角并不是始终不变的，它周期性地在22.1度至24.5度之间变化（图13.2），其变化的周期约为4万年。地球轨道的偏心率也在变化，其变化的周期约为10万年。另外，地球自转轴心的进动也很重要，它使地轴的运动像一个旋转的陀螺，其轴心沿一个圆锥面旋转，这个变化叫岁差，变化周期约为两万年（图13.3）。米兰科维奇认为，这3个因素导致了日

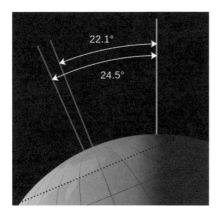

◎　图13.2　地球自转轴的倾角周期性地在22.1度至24.5度之间发生着变化

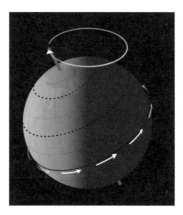

◎　图13.3　地轴像一个旋转的陀螺，其轴心沿一个圆锥面旋转

照的变化，而日照的变化正是引发冰期和间冰期交替出现的原因。

然而，这本书出版时，人们的反响平平，只有两位重要人物注意到了他。他们是德国气象学家弗拉迪米尔·彼得·柯本和大陆漂移说的创导者、柯本的女婿阿尔弗雷德·魏格纳。

接下来，米兰科维奇和柯本之间通了100多封书信来讨论冰期的理论问题。米兰科维奇以北纬65度夏天的日照量为基准，经过100多天的计算制作了一幅曲线图，这幅图详细地描述了过去65万年里冰期和间冰期的交替情况。他把这幅图寄给柯本，柯本看后十分激动，大加赞赏。

1924年，柯本将米兰科维奇邀请到奥地利，参加在那里召开的一次学术会议，并向与会者介绍了米兰科维奇的曲线图。在一本与魏格纳合作的著作《地质时代的气候》中，柯本也引述了米兰科维奇的天文学理论。

然而，要确定过去65万年里冰期的具体时间并非易事。由于数据不充足，米兰科维奇的理论还是没有为大家所接受。1958年，失意的米兰科维奇离开了人世。这正是：

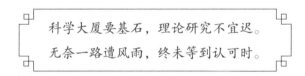

科学大厦要基石，理论研究不宜迟。
无奈一路遭风雨，终未等到认可时。

大约20年后，一位美国科学家发表了一篇讨论冰期理论的论文，这篇论文使人们重新想起了米兰科维奇。欲知后事如何，且听下回分解。

第十四回

找证据理论得印证，
观风雨变幻失章程

前回说到米兰科维奇去世 20 年后，一位美国科学家发表了一篇讨论冰期理论的论文，这篇论文使人们重新想起了米兰科维奇。

这位科学家名叫詹姆士·亨斯，他使用的证据是印度洋中 3000 米深处的海底沉积物，这种沉积物的堆积速度是每千年 3 厘米以上。亨斯的研究范围跨越了过去 45 万年。

亨斯感兴趣的是沉积物中隐藏着的有孔虫，它们会随着海水温度的变化而变化。当温度变低时，适应低温的有孔虫就会增多，反之就会减少。探测不同堆积层中有孔虫的数量，可得知过去海水温度变化的轨迹。

以这些数据为基础，亨斯制作了一张有孔虫数量变化的周期分析表，最后得到的周期是 2.3 万年、4.1 万年和 10 万年。这个周期变化与前述的地球自转轴的岁差运动、地球自转轴的倾角和地球轨道偏心率的周期性变化不谋而合。亨斯的研究证明了米兰科维奇有关冰期和间冰期的理论是正确的。

随着研究手段的不断进步，人们有了更多的方法来描绘远古气温的变化轨迹。例如，有人根据对有孔虫壳中的氧18和氧16的含量推断海水温度的变化情况，也有人利用花粉研究更长时间段的气温变化。植物花粉隐藏在湖泊和沼泽周围的沙土中，科学家们可以通过研究堆积层中的花粉分布情况勾勒远古时期气温变化的轨迹。

另外，来自格陵兰岛和南极洲的冰芯样本也泄露了几百万年来地球气温的变化轨迹。科学家们通过研究冰层中的碳、氧同位素勾画了与降雪量相对应的气温变化曲线。人们发现，这些曲线也支持米兰科维奇的冰期理论。

那么，具体来说，地球上的冰期是如何降临的呢？

原来，天文学意义上的因素导致了地球运动呈现3个主要的时间周期：每隔2.3万年，地球自转轴的岁差运动变化一个周期；每隔4.1万年，地球自转轴的倾角变化一个周期；每隔10万年，地球公转轨道的偏心率变化一个周期。这样一来，地球运动上的这类时间周期就会改变季节间的反差，使得有些年份季节间的反差变小了。一个湿润的冬季带来更多的水分并降下更多的雪（图14.1），而接下来的夏季又很凉爽，于是积雪未来得及全部消融便在下一个凉爽季节来临后存积下来。陆地上的气温没有升上去，而来年冬天更多的雪又降了下来。这样一来，气温便年复一年地降下去，地球因此进入了寒冷的冰期。

○ 图14.1 一个湿润的冬季降下了更多的雪

米兰科维奇的艰苦探索为合理解释地球气候提供了一套科学理论，为人类认识气候演化做出了重大贡献。这种贡献主要表现在两个方面：第一是建立了日照量的地球标准，它可以用来描述太阳系中所有行星上的气候；第二是对地球气候的长期变化做出了科学的解释，这就是"米兰科维奇循环"。这个理论不仅成功地解释了地质时代发生的冰河现象，还可以预测未来地球气候的变化。有诗为证：

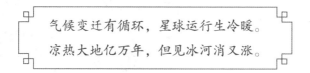

气候变迁有循环，星球运行生冷暖。
凉热大地亿万年，但见冰河消又涨。

尽管米兰科维奇的理论非常合理地解释了地球气候冷暖交替的规律，但地球并没有总是按照这个规律完美地展示它的气候进程，至少看起来是这样。这让人们觉得地球气候很像一个不听话的孩子，经常让人始料不及。这是为什么呢？

原来影响气候的因素是多种多样的，所以在地球的历史上，气候变化并没有严格地按照米兰科维奇循环的模式演进。例外的情况经常发生，它们像幽灵一样与气候的演进相伴，地球也只好在规则与混乱中演绎它的气候传奇。

这类意外气候事件的痕迹有时保留在大自然里，有时被记录在文字中。例如，人们在北爱尔兰发现有一个时期橡树的年轮特别狭窄，表明在那段时间里树木的生长特别艰难。测算表明，那时是公元536年左右。从历史记载上人们得知，公元536年是一个坏年份，人们都抱怨那段日子的坏天气，欧洲各地战乱频繁，饥荒四起，民不聊生。对于这类情况出现的缘由，人们经常各抒己见，各执一词。

更严重的事件发生在大约13000年前，那时地球上离我们最近的一个冰期刚刚结束，地球开始转暖，气温回升，冰川消融，海平面也上升了。看得出来，地球正在进入一个间冰期的温暖时代。但意外突然发生了，地球突然又跌入了严寒中，一些巨大的动物相继灭绝，其中包括巨型河狸、长鼻西貒等。大约 30 个物种在 13000 多年前的一段很短的时间里灭绝了。

那次事件被称为"新仙女木事件"。有人认为，在大约 13000 年前，一颗彗星在撞向地球前发生了爆炸（图 14.2），爆炸后的碎片落进了地球的冰原中，导致冰原大面积融化。融化的寒冷水流流向大西洋，它们对包括墨西哥湾暖流在内的大西洋水流形成了冲击，致使水流温度大幅下降。寒冷的海水将低温带到很多地方，使

◎ 图14.2 一颗彗星在撞向地球前发生了爆炸

地球在此后长达 1000 年的时间里再度陷入冰天雪地中。

那次事件就发生在地球从末次冰期中开始转暖的时候，而彗星碎片的降临突然改变了气候原来的发展方向，使气温骤然下降，忽然变冷。在接下来的 1000 年里，北半球又回到了冰河时代，而且冰冻的程度更加严重。那时英国南部的年平均气温下降到了零下 8 摄氏度，冬天更是低至零下 20 摄氏度。欧洲和亚洲的早期文明受到沉重打击。

新仙女木事件引发了一段长达 1000 年的寒冷期。对于那段时期，人们的了解并不多，但发生在近代历史中的一个寒冷事件则离我们非常近，人们对它记忆犹新。那个寒冷期被科学家们称为小冰期，它大约开始于 16 世纪，一直持续到 19 世纪。究竟在那段时间里人们经历了怎样的寒冷？且听下回分解。

第十五回

寒流滚引发大动荡，
风雪至开启小冰期

上回说到，大约在 16 至 19 世纪这段时间里，人类经历了一次被称为小冰期的寒冷时代，不过也有人认为小冰期开始于 1300 年，结束于 1850 年。这种分歧可以理解，因为世界各地小冰期开始和结束的时间并不一致，让人们对它达成共识是很不容易的。

不仅如此，小冰期中的寒冷程度也并不是一样的，它有波峰，也有波谷。总体来说，有 3 个特别的寒冷期，分别开始于 1650 年、1770 年和 1850 年。人们观察到，大约在 13 世纪，北大西洋的浮冰和格陵兰岛的冰川就开始向南推进，这使得夏天变得非常凉爽。1257 年，位于印度尼西亚龙木岛上的萨马拉斯火山爆发，它被认为是公元纪年以来最大的一次火山爆发。喷发物遮天蔽日，火山灰升至 43 千米以上的高空，它们带来了黑暗，加大了寒流的规模，使寒冷程度进一步加剧。

那段日子极其难熬，寒潮、风雪、大雨和饥荒给人类和全球的动植物带来了很大的生存压力。小冰期结束于 19 世纪下半叶或 20 世纪初，人类的社会生活在那段时间里呈现出了独特的风貌。

　　17 世纪中期，瑞士阿尔卑斯山的一些农场和村庄被冰川摧毁，英国和荷兰的河流经常封冻。1622 年，金角湾和博斯普鲁斯海峡南段封冻了。1658 年，一支瑞典军队进攻哥本哈根，士兵们在冰面上穿过大贝尔特海峡来到丹麦。大约也是在那个时候，法国人入侵荷兰，他们也是在冰冻的河面上徒步前进的。在英国，那时的伦敦人亦可以毫无顾忌地在泰晤士河上漫步，甚至出现了冰面上的集市。那时泰晤士河上的冰上活动丰富多彩，人们在冰面上赶集、滑冰、看杂耍，非常热闹。这种集市开始于 1608 年，一直延续到 1814 年。

　　那时的降雪量非常大，每年地上积雪的时间比现在长几个月，暴风雪比今天频繁得多（图 15.1）。在葡萄牙的里斯本，17 世纪的一个冬天就迎来了 8 场暴风雪，而欧洲的春天和夏天也是又冷又湿，人们不得不改变农作物的种

◎　图15.1　小冰期的降雪量非常大，暴风雪比今天频繁得多

植方式以适应更短、更不可靠的作物生长季节。但即使这样，饥荒和人口锐减仍然不可避免地出现了。

　　1693 至 1697 年，欧洲的很多地方都遭受了饥荒，法国、挪威和瑞典的人口锐减 10%，爱沙尼亚和芬兰的人口分别损失了 1/5 和 1/3。北部地区的一些葡萄种植园消失了。暴风雨造成了严重的洪水泛滥，丹麦、德国和荷兰海岸的大片土地永久性地丧失了。

　　到了 17 世纪晚期，欧洲农业急剧衰退，持续的寒冷、干燥给许多欧洲国家造成了干旱，作物减产，牲畜死亡，疾病肆虐；人们失去工作，饥寒交迫，束手无策。虽然一些国家采取了应急措施，但收效不大，很

多地方暴力事件频发，社会动荡不安。一些人开始寻找替罪羊，他们将寒冷归咎于巫术的魔力。

在中世纪早期，天主教会认为女巫是不能控制天气的，因为她们是凡人，不是上帝。在小冰期到来之前，巫术也被认为是微不足道的罪行。但从14世纪80年代起，欧洲人开始把魔法和天气异常联系起来，他们认为女巫带来了恶劣的天气，这引发了声势不小的所谓猎巫行动。人们对女巫进行大肆追捕和审判，轻易将她们处以火刑。那些审判对象多是贫困妇女，许多是寡妇。这种迫害通常随着气温的下降而增多，随着气温的升高而减少。小冰期中的第一次成规模的猎巫行动开始于15世纪30年代。到了1570年和1580年，猎巫行动进入高潮，它恰恰和饥荒的两个高峰相重合。除了女巫外，犹太人也被认为是导致小冰期气候恶化的罪魁祸首。人们将疾病和瘟疫的流行归咎于犹太人。在13世纪的西欧城市，为了阻止瘟疫的传播，犹太人常常被杀害。为此，一些犹太人会皈依基督教或者移民至奥斯曼帝国、意大利和神圣罗马帝国统治的区域。这正是：

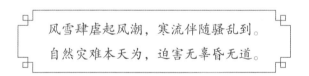

风雪肆虐起风潮，寒流伴随骚乱到。
自然灾难本天为，迫害无辜昏无道。

在寒冷时期，一些细微的改变也在悄然出现。意大利提琴制作师安东尼奥·斯特拉迪瓦里发现，寒冷气候会导致制作小提琴所用的木材的密度比温暖时期的密度更大，从而影响乐器的音色。这时人们也普遍使用按扣和纽扣，热衷于量身定制编织的内衣。为了更有效地获得热量，人们在室内安装壁炉罩，并发明了封闭式炉具。

在这时的欧洲绘画中，一种描绘冬季风光的风景画脱颖而出，它们在绘画史上散发出独具魅力的光彩。从15世纪早期开始，画家们就在祈祷书的日历页上以手绘的方式记录每个月的劳动情况。祈祷书带有适当的装饰，用于基督徒的祈祷。日历页上的手绘非常精美，1月和2月通常被描绘成雪景。当时最著名的手绘作品是被称为"最美时祷书"的《贝里公爵时祷书》，其中的《二月》描绘了 14 世纪法国乡村冬日的雪景（图 15.2）。画中远处有村庄、教堂和山丘，它们在冬日的空气里依稀可见。画面中有农夫劳动的场景，近处的屋中有人在火边取暖，一位姑娘坐在门边，摆出一副很冷的样子。这是欧洲最早的以绘画的形式描绘雪景的作品。

《贝里公爵时祷书》出自欧洲艺术的奠基者中的林堡三兄弟，他们分别是赫尔曼·林堡、保罗·林堡和约翰·林堡。他们出生于荷兰，定居于法国。他们一

◎ 图15.2 《贝里公爵时祷书》之《二月》，林堡三兄弟作

起成长，一起绘画，创作了不少精美细密的不朽之作。那时，另有一对父子画家也以描绘冬季风光而闻名遐迩，他们就是尼德兰民族现实主义风景画家勃鲁盖尔父子，在他们的作品中以绘于 1565 年的冬季风景画《雪中猎人》最为著名（图 15.3）。这幅画色彩对比强烈，层次分明。画中，在皑皑白雪之中有一群滑冰和捕鱼的人们，近处的猎人正带着猎狗穿越一片山林，阴沉的天空中有小鸟飞过。画面既宁静肃穆，又充满生机。

这时著名的冬季风景画家还有亨利克·阿维坎普，他是17 世纪荷兰冬季风景画大师，

◎ 图15.3 《雪中猎人》，老彼得·勃鲁盖尔作

出生在阿姆斯特丹，其风景画大多以荷兰的冬天为主题，展示当时人们在冰冻的湖面上滑冰的场景（图15.4）。

大约在1660年以后，这种冬季主题的绘画就不那么受欢迎了，但这并不意味着严寒已经过去，可

◎ 图15.4 荷兰冬季风景画家亨利克·阿维坎普的风景画《冬季风景中的溜冰者》

能只是人们的品位或时尚发生了改变。从18世纪80年代后期到19世纪初，以雪景为主题的绘画再度流行起来。

小冰期的冬季风景画是艺术史上的一朵奇葩，也是对气候变化的一段真实写照。通过它们，人们一睹了气候变化的真实风貌，也感受到了人类在这场严寒中表现出来的坚忍不拔和乐观向上的品格。这正是：

> 严寒冰雪小冰期，冷暖人间百态齐。
> 既见寒流严霜冷，又有白雪映丹青。

除欧洲外，寒冷同样肆虐了其他地区。北美殖民者报告说，那里的冬天异常寒冷。1608年6月，有人在苏必利尔湖沿岸发现了冰块。1607至1608年冬季，一些欧洲人和土著居民都承受了死亡率过高的痛苦。1686年，一位探险家发现加拿大詹姆斯湾漂浮着大量浮冰，他可以乘坐独木舟躲在浮冰的后面。1780年，纽约港封冻了，人们可以从曼哈顿岛穿过冰面直接步行至斯坦顿岛。

在埃塞俄比亚和北非，山峰上的永久积雪量达到了今天没有的程度。位于撒哈拉商队路线上的一个重要城市廷巴克图被尼日尔河至少淹没了13次，而此前和此后都没有这样的洪水记录。在非洲南部，从马拉维湖取回的沉积物岩芯显示，1570年至1820年间，那里的气候较为寒冷。

有限的证据还描述了澳大利亚的情况，那里气候潮湿，并且异常凉爽。

在亚洲，寒冷冲击了广大地区，对我国的影响更是十分明显。由于低温，柑橘在江西不再种植，而这种作物在那里已经种植了好几个世纪。与此同时，广东遭到台风频繁的袭击，其中最频繁的两个时期出现在1660 至 1680 年和 1850 至 1880 年间，与华北、华中最冷最干燥的两个时期相互重合。由于小冰期在我国跨越明清两朝，所以亦把那段时期称为"明清小冰期"。

明清小冰期时，中国的冬天十分寒冷，夏天也时常遭遇干旱和洪涝的侵袭。从明朝嘉靖到清朝道光年间，我国出现了大规模的极寒天气，气温极低，粮食绝收，降雪区大幅南移，江南水乡雪花纷飞。

古代中国是一个以农业为本的国家，所以在气候变化面前十脆弱。明清的王朝更迭、社会动荡无不与之大有关联。

小冰期出现的原因是什么？人们的说法莫衷一是。科学家们提供了一些答案，这些答案虽然还存在有待商榷的地方，但也言之有据。欲知后事如何，且听下回分解。

第十六回

火山发威烟柱冲天，
黑子隐身太阳沉寂

且说对于小冰期出现的原因，人们的说法莫衷一是，但通常认为太阳活动和火山活动是比较明显的影响因素。

1610 年，伽利略用望远镜观测太阳，他首次看到了太阳黑子。伽利略认为，黑子是太阳表面的一部分，但他并不能解释黑子是什么。

现在我们知道，太阳内部巨大的磁力环时常从太阳深处延伸出来，并冲出太阳表面。于是太阳表面便有了一些温度相对较低的地方，它们看起来比周围暗，形成了斑点，这便是太阳黑子（图 16.1）。太阳黑子是太阳

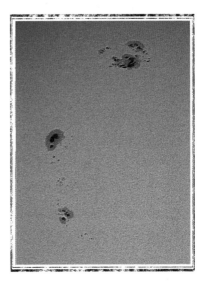

◎ 图16.1 太阳黑子

内部磁活动的窗口，它们的大量出现意味着太阳的内部活动更加活跃。

到了 1843 年，人们意识到，黑子并不是随意出现的，它有一个周期：开始的时候，黑子并不多，此后不断增加，直到数量达到一个顶峰，然后再减少，最后减少到几乎没有。这个周期大致是 11 年。

但有时候，到了一个新的活动周期，太阳黑子并没有像人们预期的那样大量出现。这种现象首先是由英格兰天文学家爱德华·沃尔特·蒙德察觉到的。1873 年，蒙德来到英国皇家天文台担任光谱助理，同时也从事太阳黑子的拍摄和测量工作。他观察到太阳黑子出现的纬度在 11 年的周期里会呈现有规律的变化。他以黑子出现的纬度为纵坐标，以时间为横坐标，绘出了黑子位置分布图。这种图很像蝴蝶，因而亦被称作"蝴蝶图"。蒙德还发现，1645 至 1715 年缺少有关太阳黑子活动的报告，于是他认为太阳黑子的活动存在着一种"宁静期延长"现象。这时虽然到了太阳黑子应该大量出现的时候，但由于太阳活动依然平静，黑子便迟迟不露面。蒙德把这种情况称为"延长的极小期"，后来人们又称之为"蒙德极小期"。

蒙德极小期是指太阳活动衰减的时期，而这种衰减和地球气候的寒冷变化是吻合的，那么是不是蒙德极小期使地球变得寒冷了呢？

要了解太阳活动对地球气候的影响，人们需要把对太阳黑子活动的了解延伸到非常久远的年代，然而人类观测太阳黑子的历史至今也不过 400 年，怎样才能知道 400 年之前的太阳活动情况呢？

科学家们将视线转移到了隐藏于树木和冰层中的碳 14 和铍 10。通过研究它们，人们将太阳黑子活动的记录延伸了几千年，从而发现了一系列太阳黑子活动的衰弱期。它们存在的时间从 50 至 200 年不等，这证明类似蒙德极小期的太阳活动的延长的极小期是确实存在的。

人们经过分析发现，几千年来，太阳磁场活动和地球气温之间存在着一定的关系（图 16.2）。当太阳磁场活动剧烈时，太阳辐射会加热地球大气平流层，这时赤道地区接收到的太阳热量很多，赤道地区便会产生向极区移动的温暖气流。当太阳磁场活动相对静止的时候，太阳辐射总量降低，温暖气流难以抵达极区，来自极地的冷空气就会控制大片地区，导致广大地区出现寒冷的冬天，乃至使地球进入短暂的冰河时代。15 至 19 世纪的情况就是这样，17 世纪初的冬天尤其寒冷，正是当时不活跃的太阳黑子活动以及频发的火山活动把气候引向了寒冷的小冰期。

◎　图16.2　太阳磁场活动和地球气温之间存在着一定的关系

　　总的来说，人类对太阳的观测和研究还很欠缺，太阳活动和地球气候变化的关系也很模糊，要探寻其道理，人们还需要进行更多的研究，但太阳活动和地球气候之间存在联系是可以肯定的。这正是：

太阳东升又西落，照亮大地与江河。

黑子增加又减少，多少奥秘待琢磨。

　　前面说到，大约 7 亿年前，地球曾一度变成了一个冰冻的星球。后来火山喷发，气候回暖，地球才又回到了温暖的时期。

　　但火山扮演的角色是双重的，它既会使冰封的地球解冻回暖，也会骤然地给地球带来寒冷的天气。小冰期到来后，地球上的火山活动相当频繁。火山喷发时，火山灰进入大气层，它们阻挡了部分太阳辐射，导致全球气温下降。火山喷发时还释放硫，它们以二氧化硫的形式存在，当它们到达平流层后就会变成硫酸颗粒。这种颗粒反射阳光，会进一步地减少到达地球表面的太阳辐射量。

　　1257 年，印度尼西亚龙木岛萨马拉斯火山发生了一次大喷发，它产生的烟柱深入大气层达数十千米。火山灰最远落到了爪哇岛，火山碎屑流掩埋了龙木岛的大部分地区。那次喷发减少了到达地球表面的太阳辐射，使大气冷却了好几年，并在欧洲和其他地方造成了饥荒和作物歉收。

1452 年，南太平洋上的瓦努阿图火山喷发，那次喷发产生的物质是 1991 年皮纳图博火山喷发的 6 倍多。喷发使整个地球的温度大幅下降，这持续了 3 年时间，触发了小冰期中的第二次寒冷高峰，导致一些地区霜冻严重，作物歉收，其影响波及欧亚和美洲，还导致了 1453 年中国的严寒。那一年，中国大地上大雪纷飞，无数人死于寒冷和饥荒。但见：

> 山岳震怒作巨响，大柱擎天变黑烟。
> 日月无光天地暗，化着严寒雪纷纷。

同样是在那一年，由奥斯曼帝国苏丹穆罕默德二世领导的军队包围了君士坦丁堡，这座城市成了拜占庭帝国最后的堡垒。1453 年 5 月 25 日，一场雷雨袭击了这座城市，冰雹骤下，大雨倾盆，城里的街道很快被淹没了。第二天，也就是 5 月 26 日，君士坦丁堡又被浓雾所笼罩。5 月 29 日，君士坦丁堡被攻陷。

然而历史记录下了一件奇怪的事。5 月 26 日晚上，大雾散去，火焰吞没了圣索菲亚大教堂的圆顶。困在城里的人们看到了一种奇怪的光，它在土耳其营地后面遥远的乡野闪闪烁烁。人们认为，那是土耳其人点燃的大火造成的反射。然而，历史学家指出，那是一种视错觉。这种错觉并非个例。1883 年 8 月 7 日，印度尼西亚喀拉喀托火山喷发，此后世界各地报告了许多虚假的火灾警报。它们都是由一种奇怪的火光引起的，原来那都是高空火山灰云反射的微光。

接下来的 3 个世纪，火山喷发依然频繁，1580 年、1600 年、1641 年、1660 年和 1783 年都成为大型火山喷发的年份，其中 1783 年拉基火山喷发给人们的印象尤为深刻（图 16.3）。那一年，生活在冰岛的人们目睹了拉基火山将 1.2 亿吨硫黄混合物抛向天空。那些物质连同水蒸气进入

80

◎　图16.3　1783年拉基火山喷发后留下的火山锥

同温层后形成了一片巨大的二氧化硫云，它像一面镜子将阳光反射回太空，使得整个北半球的气温骤降。冰岛的气温下降了 7 摄氏度，北美地区的气温下降了 5 摄氏度，冰岛 50% 的家畜死去了，人口减少了 1/4。

那年冬天，人们感到特别寒冷。当时美国著名的思想家、政治家和科学家本杰明·富兰克林正在法国巴黎，他机敏地意识到了气候变化与火山之间的联系，并指出那一年异常寒冷的天气是拉基火山喷发的结果。

对于小冰期，已经提出的原因还有其他一些，包括海洋环流、地球运行、世界人口波动对森林的影响等，所以小冰期的发生应该看作多种因素综合影响的结果。

第十七回

遇机缘有心寻始祖，
遭否定无奈受批驳

诗曰：

> 地球生灵千千万，唯有人类最聪明。
> 勤劳勇敢不怕苦，能歌善舞好机灵。
> 舞文弄墨喜诗书，爱美求真创文明。
> 从猿到人漫漫路，上下求索步不停。

　　且说 6500 万年前，地球上的生命遭到了一次毁灭性打击，这是离我们最近的一次生物大灭绝。从此以后，地球便进入了一个名为新生代的新地质时期，哺乳动物取代爬行动物成了生命舞台上的主角。到了距今 300 万至 200 万年前，地球上的最后一个大冰期——第四纪大冰期降临了，这次大冰期规模很大。那时的地球却是早期人类生存的战场、生活的舞台，人类文明就产生于这样一个充满了挑战的严酷的自然环境中。

1859 年，达尔文（图 17.1）在他的《物种起源》一书中阐述了进化论的思想，指出人不是由神创造的，而是从一种古猿演化而来的。这一理论虽然引发了暴风骤雨般的振荡，但最终还是被人们接受了。

◎　图17.1　英国生物学家查尔斯·达尔文

达尔文在他的另一部著作《人类的由来》中又说："和人类最接近的黑猩猩和大猩猩都生活在非洲，所以我们人类也许就诞生在那里吧。"达尔文的话暗示人类的发源地可能在非洲。

对于人类的起源问题，现代科学已提供了很多解释的途径。人们运用分子生物学的方法，通过对 DNA 的测定分析推断人类开始和黑猩猩分离的那一刻大约发生在 800 万年前。那时候，一种介于黑猩猩和猿人之间的生物有了独特的牙齿，它们刚刚可以站立起来。此后猿和人分离，诞生了最早的人类。那么，人类最早的祖先是谁？他们又来自哪里呢？

20 世纪初，南非采石场的工人们经常在凝灰岩的地层中发现化石。凝灰岩是一种火山碎屑岩，形成的时候会留下一些空腔。这些空腔时常成为动物的避难所。于是，许多骨骼便在这些地方遗存了下来。这种地方多砂岩，经常成为采矿的障碍，所以矿工们要用炸药清理它们，那些骨骼也就被扔掉了。然而人们发现，这种地方经常藏有化石，这些化石主要属于一些灭绝了的动物，包括狒狒和其他灵长类动物。它们被许多矿工保存下来，其中更完整或更有趣的化石则被欧洲人作为珍品收藏了起来。

1924 年，在汤恩附近的巴克斯顿石灰厂里，工人们向前来参观的采石场管理公司北方石灰公司的董事展示了一块灵长类动物的头骨化石。

这位董事得到了这块化石后就把它送给了他的儿子帕特·伊佐德，于是这块化石就被伊佐德放在了他家壁炉上方的壁炉架上。不久，伊佐德家的一位朋友约瑟芬·萨尔蒙斯来他家做客。这时的萨尔蒙斯是位于南非约翰内斯堡的威特沃特斯兰德大学解剖系的一名学生，她注意到了这块头骨，认为它属于一种已经灭绝了的猴子，并意识到它可能对她的老师具有重要的价值。于是，在获得伊佐德的允许后，萨尔蒙斯决定将这块头骨化石送给她的老师雷蒙德·达特。这正是：

藏者无心拾宝来，见者有识知精彩。
师生佳缘成契机，意外惊喜不期来。

各位看官，雷蒙德·达特是何许人也。原来他是一位人类学家，也是威特沃特斯兰德大学解剖系的教授，出生于澳大利亚昆士兰州的布里斯班。达特原来的理想是去悉尼大学学习医学，然后成为一名医学传教士去中国工作，然而事与愿违，他最终没能去成中国，却接受了昆士兰大学的奖学金，成了这所大学的首批学生。

在昆士兰大学，达特学习地质学和动物学。1914 年，达特以优异的成绩从昆士兰大学毕业，不久转入悉尼大学攻读医学。第一次世界大战结束后，经多次辗转，他最终于 1922 年来到南非约翰内斯堡，在威特沃特斯兰德大学解剖系担任教授。

1924 年初夏，达特正忙着去参加一位朋友的婚礼，忽然有人送来了两只箱子，里面装着一些化石资料——萨尔蒙斯的特殊礼物送到了。

达特撬开箱子，看到一块头骨化石，还有颅骨、面骨、下颌骨和完整的脑内膜。头骨化石的大小和黑猩猩的大脑大体相当。达特兴奋不已，恨不得立即坐下来把这个"不速之客"研究个水落石出，然而在夫人的催促下，他不得不放下化石去参加朋友的婚礼。

当达特重新拿起那块化石时，他已经知道他有了一个非同寻常的发现。两个月后，达特终于清除掉了化石面部的砂岩和石灰结晶。这是一个小猿的头骨，口里刚长出第一颗臼齿。和幼小的黑猩猩相比，它的嘴部较平，前额圆弧的形状显示它的大脑已经演化到比黑猩猩更高级的阶段了。

达特发现，化石呈现了许多猿的特性，例如很小的大脑、向前突出的上下颌骨等。与此同时，它又具有一些人的特性。例如，上下颌骨虽然突出，但不像猿那样突出得厉害，颊齿咬合面平，犬齿小，最为重要的是枕骨大孔接近颅底。枕骨大孔是头骨基部的开口，脊髓通过此孔进入脊柱。由于猿类用四足行走，所以其枕骨大孔位于颅底相对靠后的地方；而人类用两足行走，枕骨大孔位于颅底中央。由于这块化石的枕骨大孔接近颅底中央，达特便判断这块头骨的主人是用两足直立行走的，它应该是古猿向人类迈出第一步时的生灵，属于介于现存的类人猿和人类之间的已经灭绝了的猿类。达特获得了这些发现后就把这块化石称为"汤恩小孩"。这正是：

汤恩小孩不简单，头骨形态得发展。
直立行走有标志，枕骨大孔处中央。

第二年，达特将"汤恩小孩"正式命名为"非洲南方古猿"，并将他的研究成果写成论文发表在《自然》杂志上。达特称"汤恩小孩"为"猿人"，并表示它是"介于现存的类人猿和人类之间的已经灭绝了的猿类物种"。然而，他的观点遭到了一些欧洲学者的批评，他们对这块化石在演化史上的地位表示怀疑，认为它应该被归类为黑猩猩或者大猩猩，而不是南方古猿。其中也包括阿瑟·基思，他是那个时代最杰出的解剖学家。基思声称没有足够的证据使他认可达特的观点。另一位权威学者格拉夫顿·艾略特·史密斯则表示，在判定新化石的重要性之前，他需要更多的证据和更清晰的头骨图片。

几个月后，批评变得更加激烈了。艾略特·史密斯得出结论说，这块头骨化石与"幼年大猩猩和黑猩猩"的头骨"基本相同"。幼年猿猴看起来更像人类，因为"它们的前额和眉毛没有发育完全"。阿瑟·基思针对化石是"猿类和人类之间缺失的一环"的说法给《自然》杂志写了一封信。他说："头骨是一个年轻类人猿的……而且显示出如此多的与非洲现存的两种类人猿——大猩猩和黑猩猩的亲缘关系，以至于可以毫不犹豫地将它归入其中……"

为什么当时著名的人类学家都反对达特的结论呢？原来，当时人们已经在欧洲和亚洲发现了不少早期人类化石，很多学者固执地认为高贵的人类理应来自欧洲或者亚洲，而不可能来自野蛮落后的非洲。这些科学家还说，"汤恩小孩"和达尔文在《人类的由来》一书中描述的人类祖先的出入很大。达尔文说，人不同于动物的本质之处在于能直立行走、会使用工具以及具有较大的脑容量，而且在猿向人类演化的初级阶段，这3个方面应该是同步进行的。"汤恩小孩"虽然大概可以直立行走，但是否会使用工具没有任何证据上的说明，加上脑容量小（和黑猩猩大体相当），所以只能认为"汤恩小孩"是一种古猿。

另外，许多人仅仅因为宗教信仰的缘故而质疑这块化石。1925年2月，当"汤恩小孩"第一次被披露的时候，许多反进化论者就站出来抵制这块化石。达特也开始收到来自不同宗教团体的威胁，有人甚至威胁要将他处死。然而，到这个时候，许多其他人类化石（如爪哇人、尼安德特人、罗得西亚人化石）都被发现了，进化论也越来越难以反驳了。

在反对者中，英国动物学家索利·祖克曼最为坚定。他在1928年得出结论说，南方古猿不过是一种猿猴。他和一个四人小组在20世纪40年代和50年代对南方古猿进行了进一步的研究，使用一种他认为优于纯描述性方法的"测量和统计法"。他认为这种生物不是用两条腿走路的，因此它不是介于人类和猿类之间的中间形态。在祖克曼的余生里，他一直否认南方古猿是人类族谱的一部分。这正是：

探索路上有艰险，争辩起处存偏见。
莫道求索多周折，寻真就要信念坚。

究竟"汤恩小孩"是不是南方古猿，此后又有些怎样的波折？欲知后事如何，且听下回分解。

第十八回

找真相求索多辛苦，
出非洲步履何艰难

上回讲到达特的观点遭到一些欧洲学者的批评。这对达特的研究造成了不良的影响，导致他对欧洲学者的反应缺乏好感，于是他便没有再为寻找新化石证据花费精力。到了1936年，一位古生物学家成了达特坚定的支持者，他叫罗伯特·布鲁姆。

布鲁姆是苏格兰人，1895年毕业于格拉斯哥大学，1897年定居于南非，曾在大学里讲授动物学和地质学，但由于宣扬进化论而被迫离开教职，之后在南非卡陆地区建立了一家医疗机构。恰恰就在这时传来了发现"汤恩小孩"的消息，这激发了布鲁姆参与寻找人类始祖的强烈愿望。

"汤恩小孩"被认为是非洲南方古猿幼年个体的化石，布鲁姆则希望找到成年个体的头骨，这样就能进一步证明非洲南方古猿确实能够直立行走。

为了寻找能佐证"汤恩小孩"的化石证据，布鲁姆奔波于特兰士瓦省各处的采石场，尤其是斯特克方丹洞穴。这个洞穴位于距约翰内斯堡大约50千米的一座山上。1936年8月，布鲁姆终于在那里找到了一些南方古猿的成年个体化石。化石的犬齿和人类相同，这表明南方古猿是会使用工具的。这些化石被归类为粗壮型南方古猿。

此后，布鲁姆继续从事寻找化石的工作，他与另外一位古人类学家约翰·罗宾逊共同工作，逐渐发现了一些类人猿骨骼。1947年，布鲁姆和罗宾逊又发现了一块完美的古人类头骨，他们将其归为非洲南方古猿。布鲁姆和他的年轻同行时常称之为"普勒斯夫人"，因为这块头骨好像属于一位女性。但这个结论并不可靠，一些研究反而认为它属于一位男性，所以也许应该称之为"先生"才对。研究发现，"普勒斯夫人"的脑容量也不大，但能直立行走，这在当时是一个令人吃惊的发现。人类学家一直认为，人类大脑的发展超前于直立行走，至少应该与直立行走同步。但"汤恩小孩"和"普勒斯夫人"的发现表明，事实并非如此，这块头骨成为证明在大脑体积显著增长之前人类已能直立行走的最早的化石证据之一。

在布鲁姆为达特的研究寻找证据的时候，达特那时已经退出了人类学研究，然而布鲁姆为非洲南方古猿的确立带来了转机，他发现了粗壮型南方古猿，进一步证实了非洲南方古猿的种种特性，也表明"汤恩小孩"就是人类的祖先（图18.1）。

◎ 图18.1 非洲南方古猿

最先接受布鲁姆的观点的科学家是美国自然历史博物馆的著名古生物学家威廉·格雷戈里。格雷戈里也是美国动物学家，1911年受雇于位于纽约的美国自然历史博物馆。他支持达尔文和赫胥黎的观点，即人类与非洲猿类存在着密切的关系，而这种观点在当时是不受欢迎的。

20世纪20年代早期，尤其是在发现早期非洲古人类之后，格雷戈里在哺乳动物牙齿方面的专业知识使他在人类演化方面的研究进展顺利，他被认为是当时世界上研究人类牙齿演化的顶尖专家。1922 年，他出版了《人类牙齿的演化》一书，这本书为他赢得了很高的声誉。1938 年，格雷戈里赶赴非洲，亲自研究南方古猿化石。他承认南方古猿就是我们人类的祖先。在研究了"汤恩小孩"后，格雷戈里更是比以往任何时候都更加相信达特的观点是正确的。

1947 年，达特对"汤恩小孩"的分析迎来了转折点。由于越来越多的证据表明这具化石在姿势、牙齿发育和两足行走等方面与人类相似，许多古人类学家开始转向支持达特，其中也包括以前强烈反对达特的那些科学家。这一年，阿瑟·基思爵士在《自然》杂志上发表文章，宣布他支持达特和布鲁姆的研究。他说："罗伯特·布鲁姆博士和达特教授提交的证据是正确的，而我错了。"这正是：

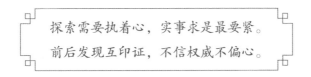

探索需要执着心，实事求是最要紧。
前后发现互印证，不信权威不偏心。

第二次世界大战结束以后，人们又在非洲发现了不少南方古猿的化石。根据其咀嚼器官的结实程度，人们将南方古猿大致分为两种类型：粗壮型和纤细型。普遍的观点认为，纤细型南方古猿最终演化成了现代人类的祖先。

20 世纪五六十年代，科学家们用放射性同位素对南方古猿的化石进行了年代测定，他们推断非洲南方古猿生活的年代大约在 250 万至 150 万年前。然而，1974 年，人们在埃塞俄比亚又发现了一种南方古猿，他们生活的年代被证明距今 320 万年以前。科学家们认为，这种南方古猿是所有南方古猿的祖先。

在 250 万至 150 万年前，南方古猿的一支进化成能人。能人的脑量比南方古猿大，会制作石器，生活于东非和南非，比南方古猿更进步。

南方古猿的发现确立了人类最初的发源地应该是在非洲，这和达尔文的看法相吻合，然而也有人很早就提出了其他观点。例如，德国动物学家恩斯特·海克尔虽然拥护进化论，但他并不认为人类的发源地在非洲。他说："亚洲是古代文明繁盛的地方，那里才最有可能成为人类的发源地。"

海克尔认为亚洲最有可能成为人类发源地的观点被一位远在荷兰的人类学家、解剖学家尤金·杜布瓦所接受。杜布瓦从小兴趣广泛，喜欢收集植物、贝壳、石头、昆虫和动物头骨。1877年，杜布瓦在阿姆斯特丹大学学习医学。由于受海克尔的影响，他的主要兴趣转移到了人类演化方面。他认为猿类和人类之间一定存在着一种中间物种。

1887年，杜布瓦加入荷兰军队，被派往东印度群岛。那里是荷兰的殖民地，即现在已经获得独立的印度尼西亚。杜布瓦带着妻子和刚出生的女儿来到这个殖民地，并在那里开始了寻找化石的挖掘工作。他要寻找人类演化历程中他认定的那个"缺失了的环节"。

1892年，杜布瓦终于找到了一个头盖骨和完整的大腿骨化石，还有一块下颌骨碎片。1894年，他将这些化石定名为"直立猿人"，以表明这是从猿演化到人的过程中的一种过渡生物。这种生物已经具备了现代人类的特征——直立姿态。杜布瓦深信，他发现了他所说的那种"介于人类和猿类之间的物种"。今天，这些化石被归类为直立人，是在非洲和欧洲以外发现的最早的古人类遗骸标本。这正是：

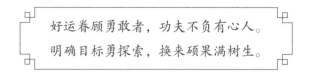

好运眷顾勇敢者，功夫不负有心人。
明确目标勇探索，换来硕果满树生。

直立人为达尔文的进化论提供了有力的化石证据。直立人的大腿骨已和现代人的没有差别了，他们取代了能人，脑容量也已经达到现代人的2/3了，这说明直立人已经非常聪明了。后来的研究也表明，直立人是最早使用火的人类，他们会用打制的石器进行砍砸、切割和钻孔。晚期直立人甚至有了相当复杂的文化行为，他们的大脑结构显示他们已经有了掌握有声语言的能力。

对于直立人，在当时还出现了是人还是猿的争论，直到 20 世纪 20 年代，人们在北京周口店陆续发现了北京人的化石和石器，这才确立了直立人在人类演化史上的地位（图 18.2）。在北京猿人的遗址中，人们发现了大量石器，它们的功能各异，加工精细，表明直立人制造工具的能力比能人大大提高了。除此之外，人们还在北京人居住的山洞里发现了灰烬层，表明北京人已会使用火了。火不仅可用来取暖和驱赶野兽，还能烧熟食物，使食物容易消化和吸收，这促进了人类祖先体质的发展。

◎　图18.2　北京猿人

北京人的脑容量明显增大，直立行走的姿态与现代人基本相同，表明他们已经演化到了人类阶段。何以见得？有诗为证：

> 劳动使人更聪明，石器工具是证明。
> 脑量增大会用火，采集狩猎直立行。

直立人的生存年代为 170 万到 20 万年前。迄今为止，直立人化石在亚洲、非洲和欧洲均有发现。我国的北京人、蓝田人和元谋人都属于直立人。

关于人类的起源，各种学说相互并存，这是正常现象。人们需要在未来发现更多的证据，使用更科学的方法寻找答案，但人类的非洲起源说是目前最主流的理论。

大约在 130 万年前，一部分南方古猿灭绝了，但另一部分南方古猿演化成初期的直立人。在直立人生存的年代里，人类第一次走出非洲，到达亚洲和欧洲，并演化出不同的人种，如海德堡人和北京人等。他们流散到欧亚各地，一代代地迁徙、演化、繁衍和生息。

直立人对地球的统治一直持续到 25 万年前，随后一个新人种脱颖而出，这就是智人。智人分为早期智人和晚期智人两类。早期智人生活在距今 20 万至 5 万年前，包括欧洲的尼安德特人、中国的丁村人和马坝人、非洲的罗德西亚人等。

晚期智人出现在距今 5 万至 1 万年前，他们的化石在各个大陆都有发现。如法国的克罗马农人、我国的山顶洞人等。他们进入部落社会过上了原始的游牧和农耕生活，他们也开始在水源丰沛的地方建造村落和城市，在世界各地发展文明。在人类的生存竞争中，晚期智人逐渐取代了落后的人种，走向世界各地，分别创造了各自独特的文化。

这样，在经历了从南方古猿开始的漫长演化之后，人类终于完全统治了地球。接下来，晚期智人的发展非常迅速，他们遍布全球，占据了几乎所有可以生存的地方。这是一种特殊现象，地球上没有任何其他物种能够分布得如此广泛。但即使这样，地球也满足不了他们扩张的欲望。他们瞄准太空，开始了雄心勃勃的宇宙探索（图18.3）。是的，这样的晚期智人就是我们自己。这正是：

> 生存路途多险阻，世代接力不停留。
> 由弱到强求壮大，发展就要争上游。

◎ 图18.3　人类热衷于宇宙探索

第十九回

勤耕牧沃野生鱼米，
善酿造酒樽溢浓香

却说从南方古猿开始，人类经历了几百万年的发展历程才完成了成为现代人的漫长演化。在这漫长的岁月里，人类的祖先经历了艰苦卓绝的生存之战。那时人类的生存状况极其糟糕，寒冷和饥饿是挥之不去的噩梦，猛兽和猛禽是摆脱不掉的威胁。这种状况从远古人类化石中可见一斑。

近一个世纪以来，人们对"汤恩小孩"的死因一直充满好奇，几十位科学家研究了这块化石，但谜团直到 2006 年才被真正解开。原来这个孩子丧命于鹰爪之下，这种鹰名为非洲冕雕，最爱捕食猴子。它们经常在树林上空盘旋，看准猎物后就猛冲下来，然后用强有力的爪将其掠走。科学家们在化石上发现了冕雕猎杀的痕迹，最终锁定了这个杀害"汤恩小孩"的凶手。

有一种观点认为，人类之所以要尝试直立行走，部分原因就是为了躲避天上的猛禽，因为直立后他们在飞禽的眼中变小了，更难被发现。与此同时，直立也扩大了人类的视野。而人类选择群居生活可能也与躲避猛兽和猛禽有关。当人们聚在一起时会感到更安全，防范起来也有了更多的优势。这正是：

人类发展多艰险，荆棘遍布亦向前。
狼嚎虎啸何所惧，同舟共济度时艰。

除了猛兽和猛禽之外，人类面临的死亡威胁还有他们自己，这就是人类群体间的冲突和战争。

根据考古学上的发现，现在已知的最早可以称为战争的事件大约发生在 14000 年以前，证据是人们发现了大量坟墓，里面有破碎的头骨，骨头上刀砍和钝器击打的痕迹清晰可见。在澳大利亚、欧洲和其他地方，人们发现了描绘战争场景的岩画，画中的人物用长矛、弓箭和棍棒进行战斗（图 19.1）。

但事实上，在这种可以称为战争的大规模争斗到来

◎　图19.1　一幅表现战争场景的岩画

之前，族群和部落之间的致命冲突就已经存在了。那时人类还处在狩猎和游牧时期，多数暴力行为发生在个体之间，但有时会扩展到由朋友或者亲戚组成的群体之中。

在通常情况下，这种冲突不会持续太久，加之那时的人类也有了一些化解冲突的能力，因而一些和平解决冲突的办法也应运而生了。例如，一方通过表决达成一致，然后离开另一方；或者由第三方调停，拿出一个双方都能接受的方案。还有一种情况——这通常并不多见，那就是放逐甚至杀掉引发事端的人。

总的来说，狩猎和游牧时期的人类生活还是比较平静的，只是这种平静后来丧失了。随着农业的出现，劳动生产力提高，人类有了明确的"占有"概念，他们放弃狩猎和游牧生活，选择适宜的地方定居下来。他们有了固定的土地、粮仓和渔场，有了多余的粮食、财物和通过交换得到的宝贝。只要勤于耕作，而且风调雨顺，他们的田垄上便有待收获的庄稼，池塘里便有肥美的鱼蟹。然而很遗憾的是，他们的麻烦也同时降临了，因为他们不得不为这些东西失去宁静的生活。为了掠夺财物，也为了保卫家园，人们必须比他们过狩猎和游牧生活的祖先更加频繁地参加战斗。

有一种观点认为，战争是人类生物学的冲动，是基因导致的结果。这种观点将好战视为人类的本性。假若真是这样，早期人类的历史就应该战云密布，然而事实上，一直到现在，人们也没有找到化石上和考古学上的证据证明人类的祖先进行了长达几百年或者几千年的战争，所以，可以推断战争是一种短暂和异常的事件。从统计学的观点看，早期人类的普遍状态是合作，更多的时候人们是在谋求和平相处，而不是对立和战争。有诗为证：

> 社会发展困扰生，自然风险加战争。
> 早期人类有办法，化险为夷平纷争。

在农耕文明初现熹微的年代，粮食是很稀缺的资源，但随着农业生产的发展，粮食渐渐有了节余。大约在距今 1 万年前，一些小定居点的人们开始发酵食物和酿酒，这使得剩余的谷物得到利用，也使粮食变得更加珍贵。因为酵母制造出了其他营养物质，而酒精则可以杀死细菌，抵制疾病的流行。

现在人们发现的最早的储存酒的容器出现于大约 7000 年前，而得到考古证实的最早的农事活动发生在中国，这种活动也出现在那个年代，多半可能还要早一些。

酒的出现可追溯到 1.3 亿年前，那时有花植物出现在了白垩纪的地球上，它们以一种单细胞真菌的形式出现——酵母。在长期的演化中，酵母获得了新的本领，它们在分解糖的过程中制造出了一种副产品——酒精。

从一开始，酵母就青睐成熟的果实，因为未成熟的果实经常有毒，而当酵母制造出了酒精后，酒精的气味便渐渐地变成了一种用餐的召唤，告诉森林里的动物们这里的果子可以吃了！

有一种假设认为灵长类和其他一些喜欢果实的哺乳动物就是依靠酒精的气味来寻找成熟果实的。对于它们来说，酒精是进食的信号。由于这种气味带给它们积极的感受，它们就渐渐地喜欢上了这种气味，乃至一旦嗅到了酒精，它们的大脑就很兴奋。所以，有一种观点认为，人类对于酒的喜好起源于我们的灵长类祖先依靠酒精在森林中寻找成熟果实的行为。

其实喜欢酒精的并不仅仅是灵长类。例如，果蝇就经常食用发酵的水果，它们的口中有一种感受器，本质上就是一种品尝酒精的味蕾。雪松太平鸟是鸟类中的"酒徒"，它们酷爱酒精，有时会因贪吃过分成熟的美洲冬青而显得有些异样。它们笨拙地落到地上，或者直接撞上一栋房子，这就是"酒后飞行"带来的恶果。更喜欢酒精的动物应该算树鼩，它们与灵长类的亲缘关系最为接近，很喜欢"晚酌"，就是在夜间享用玻淡棕榈花蕾中的液体。那是一种类似啤酒的东西，来自花蕾中的酵母。有趣的是，树鼩和一般嗜酒的家伙不一样，它们似乎并不会喝醉，很像我们人类中的某些饮酒高人。由此看来，人类的酒友其实不少，但人类的高明之处在于他们自己学会了酿酒。

关于酿酒的起源，有人认为可能发端于一件偶然的事情。例如，储藏的时候，人们无意间把酿酒酵母沾附在了小麦或者大麦上，于是便知道了"发酵"这件事，并且觉得那种奇妙的液体很有意思。

一旦酒被酿造了出来，人们便知道只要有少量的酵母就可以启动下一轮的酿造过程。对于远古的人类来说，这一定像变魔术一样有趣。

可以想象，饮酒为早期人类的社交生活带来了很大的影响，它促进了社会群体间的交流和沟通，有利于人类居住地的发展和扩大，当然也引发了一些过激的行为。总的来说，饮酒对早期人类的生存来说利大于弊，它改善了早期人类的食物结构，也使人类对于耕种有了更加强烈的欲望。有诗为证：

> 勤劳耕耘五谷长，辛苦酿造玉液生。
> 同庆丰年歌千曲，共度佳日酒一樽。

除了从事游牧、耕作、手工业生产和参加战斗以外，早期的人类也有了复杂的精神生活。欲知后事如何，且听下回分解。

第二十回

能歌舞妙曲盈旷野，
喜绘画佳作隐深穴

上回讲到早期人类的生存状态，他们从事游牧、耕作，还要参加战斗。与此同时，在为满足生存所进行的劳作中，人类也渐渐有了丰富的精神生活，他们热衷于祭祀、祈祝、歌舞和绘画。在艺术创作领域，他们也留下了宝贵的财富。

考古学上的发现表明，人类的祖先很喜欢音乐。科学家们发现了一些骨制的笛子（图20.1），它们来自4.1万至3.5万年前。这表明那个时候人类已经制造出了乐器，还表明音乐很有可能产生于语言之前。

音乐对早期人类来说有什么意义？这恐怕要从生存竞争的视角来寻找答案。也许音乐能使一个集体富有凝聚力。当我们的祖先围着篝火载歌载舞时，每个人都意识到自己是部落

◎　图20.1　远古骨制的笛子

的战士、集体的一员；需要战斗时，音乐又成为他们的旗帜和灵魂。音乐的这种力量一直被沿用到今天，大到一个国家，小到一个企业，往往都有自己标志性的音乐。我们在无意间沿袭了祖先的习俗。从演化的意义上说，一个团结的群体在严酷的生存竞争中会有更多的机会存活下来。

音乐还有利于个体的繁衍。在遥远的古代，音乐可能使个体在繁衍竞争中占据优势。歌唱者在异性的眼中充满吸引力，所以音乐可能具有孔雀尾巴的作用。

还有一种观点认为，音乐是人们的思想游戏，可以帮助人们认识周围的世界。当然，音乐的娱乐和传情达意作用最为明显。在原始社会，音乐和歌舞都具有祭祀、祈祝、娱乐和抒怀功能。有诗为证：

> 篝火燃时劲歌起，舞步欢处古乐生。
> 有爱有恨歌一曲，唱尽人生万般情。

早期人类的艺术才华是多方面的，正因为如此，他们的艺术活动才构筑了人类最早的精神文明，其中的一些作品至今仍然具有很高的艺术魅力。

1879 年的一天，在位于西班牙北部桑坦德市郊外的阿尔塔米拉洞窟的入口附近，地方志爱好者玛尔赛利诺正在从事挖掘考古工作。这个洞穴是一处史前人类遗址，发现于 1869 年，在距今 1.7 万至 1.1 万年前就有人居住。

在玛尔赛利诺工作的时候，5 岁的女儿玛丽亚在他身边玩耍。

玛丽亚对父亲单调的工作感到厌倦，于是一人悄悄地溜进洞里。她向纵深走了几米后，便看到了一个宽敞的、类似大厅的地方，那里拱形的洞顶上有一些有趣的图画。

"爸爸，快看，那上面有牛！"玛丽亚惊喜地叫道。沉寂了近 1.5 万年之后，旧石器时代最令人惊叹的艺术品首次呈现在现代人的眼前。

听到女儿的叫声，玛尔赛利诺赶忙跑过来。他用灯照了照洞顶，那里确实画着许多野牛，它们或奔跑，或跳跃，或蹲坐……姿态各异，栩栩如生。他很快便意识到这些画出自旧石器时期的古人类之手。

研究表明，阿尔塔米拉洞窟壁画由旧石器时期的克罗马尼翁人所作。经碳14测定，洞窟大厅中的壁画完成于约1.45万年前。

阿尔塔米拉洞窟由多个洞穴和通道组成，全长约300多米。在整个洞窟的不同地方都能看到壁画，它们分别完成于不同的年代。

大厅中拱形洞顶上的壁画最引人注目。画中的动物大小约两米，以野牛为主，也有马、野猪等。大多为彩色，且色彩艳丽，色调多为赭红和黑色，也有黄色和紫色。看得出来，为了加强动物特有的力度和跃动感，作者充分利用了岩面的缝隙、凹陷和隆起的部分。对木炭线条的厚重运用、对整体块面的力度处理、对轮廓勾勒的娴熟把握使得画面非常生动。

令人非常惊讶的是，所有画作都具有相同的笔法和节奏，动物的线条也多是一气呵成的。作者从头起笔，至尾，至后足，然后再回到头部，又至前足和腹部，最后收笔。笔调苍劲有力，没有任何修饰的痕迹。根据这种一贯的风格，科学家们认定这些画由一个人完成，作者是一位生活在1.45万年前旧石器时期的艺术大师。

虽然洞窟中昏暗无光，但洞内并未发现烟火的痕迹，要完成这样庞大的创作，画家在当年是怎样工作的呢？后来，人们在地上和墙壁上发现了很多骨头和一种叫藤壶的甲壳类动物的残骸。这是当年作画时留下的，表明远古时期的画家居然知道用动物骨髓和植物纤维制作灯芯，用黏土制作灯具，然后在无烟的油灯下完成他的传世之作。

1.45万年前，地球正处在冰河时代，欧洲大陆的广大地区被冰雪覆盖。当时的人类住在洞穴里，靠狩猎、捕鱼和采集植物充饥。面对严酷的自然环境，当时的动物披着厚厚的皮毛，这在画家笔下的猛犸、野牛、驯鹿等壁画中被生动地表现了出来。

这些画是干什么用的呢？从作画的地点看，那里漆黑无光，有些画甚至很难看到，所以它们显然不只是供人欣赏，恐怕里面含有更多宗教和祈祝的含义。

　　阿尔塔米拉壁画的发现令世人震惊。以前，人们一直以为住在洞穴中的原始人类不可能画出类似现代人的图画，他们处在人类社会的蒙昧时代，艺术才华有限。然而，阿尔塔米拉壁画的发现使这种观点不攻自破，它无可辩驳地证明了史前时期的人类具有和我们现代人同样的思考能力和艺术天赋。这正是：

> 史前严寒风雪狂，人类文明露曙光。
> 涂抹丹青胜千言，绘出故事永留传。

第二十一回

古王国莫名遭衰败，
新发现清晰道原因

诗曰：

> 文明发展路途险，步履坚定不得闲。
> 互通有无情义长，铁马金戈战火煎。
> 盖世英雄多传奇，传世佳作留遗篇。
> 万世韶光书青史，留着后人作借鉴。

前回讲到，在原始社会早期，人们居无定所，过着简单的采集、狩猎和游牧生活。但进入农耕社会之后，人们便学会了在土地肥沃、水源丰沛的地方建造房舍，人类早期的定居点由此出现了。由于贸易、迁徙、技术交流和文化交流日益频繁，一些定居点发展成了城市和庞大的文明实体。在那些地方，农业和手工业蓬勃发展，人们用石头、青铜和铁制造的工具营造房舍，耕植田垄，打造器皿，过上了相对富足的定居生活。

然而文明的发展道路并不平坦，在漫长的历史长河中，人类社会的发展充满坎坷。今天的历史学家和考古学家在研究古代历史时经常发现一种奇怪的现象：一些文明会突然消失，一些城市被莫名遗弃，一些娴熟的技艺忽然失传，人们的生活又倒退到了蛮荒之中。

人类文明的第一缕曙光出现在西亚地区的美索不达米亚平原上，它是幼发拉底河和底格里斯河冲积形成的平原。这两条河并行着由北向南流入波斯湾，人们习惯性地将它们统称为"两河"。远古时期的两河流域是当时世界上最富饶的地方之一，也是人类最早的文明发源地之一，人类最早的文字和城市文明都诞生在这个地方。

在美索不达米亚平原上，最早的居民是苏美尔人。大约在公元前5000年，苏美尔人从北方山区迁徙到两河流域南部，他们利用幼发拉底河和底格里斯河的河水在富饶的平原上开荒种地、灌溉农田，从而发展出了古老的苏美尔文明。

在生产劳动中，苏美尔人渐渐学会将芦苇削尖，用它在泥版上刻写一些符号，以记录身边的事物。泥版刻好后，苏美尔人会将泥版晒干保存起来。于是，人类最早的文字诞生了。这种文字叫楔形文字，是一种象形文字，其基本组成是一些简单的图形，代表身边的事物，如牛、羊、鱼等。随着表述的事物越来越复杂，这种文字的符号性越来越强，图形也越来越简单并渐渐固定下来，最终形成了统一的可供书写和阅读的文字（图21.1）。

文字的出现是人类文明史上的重大事件。有了文字，人们便可以将发生的事情记录下来，将获得的知识和技能传承下去。这样的活动促进了人类智力的发展，同时也将人类的社会习俗、宗教传统、神

◎ 图21.1 楔形文字

话传说和文化典籍记载和保存了下来，使人类文明的成果得以薪火相传，生生不息。有诗为证：

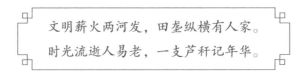

文明薪火两河发，田垄纵横有人家。
时光流逝人易老，一支芦秆记年华。

除了文字外，苏美尔人还在生产实践中丰富了知识和技能。他们培植作物，使用犁和车轮，开凿沟渠，建造了最早的灌溉系统；他们的数学知识十分丰富，拥有清晰的数和量的概念，发明了最早的计时、计量和测距方法，拥有计算牲群、谷物数量以及测量土地、沟渠面积的技能；他们也热衷于天文观测，积累了大量的天文学知识。

随着农业生产的发展，富饶的两河流域逐渐出现了众多独立的居住地，城市文明和商业文明应运而生。那时人们生活在许多独立的小国里，社会结构十分松散。每个小国以一座城市为中心，城里的人多是平民，有农夫、商人和渔民，也有手艺人，包括木匠、陶工、石匠等。国王是城市的统治者，也是最大的财富拥有者。

尽管远古的美索不达米亚平原是个富饶的地方，但从战略上看，这里沃野千里，土地平旷，四周没有可供设防的天然屏障，易攻难守，很难抵御外族的入侵，所以两河流域经常硝烟四起、纷争不断。与此同时，这里的自然环境也有不尽人意的地方，主要表现在幼发拉底河和底格里斯河经常泛滥成灾，而且泛滥的时间和规模难以预料。这种自然灾害的不确定性和对外族入侵的担忧培养了苏美尔人忧郁悲观的情绪，他们经常感叹世事的无常和人生的虚无，所以苏美尔人信奉神，热衷于预测变幻莫测的未来。他们乐于解释形形色色的预兆和梦境，用动物内脏预测吉凶祸福，迷信占星术，仔细观察星辰的运行。他们相信诸神的意志决定天体的运动，所以通过观测天象就能洞察神的旨意，从而预测吉凶，判断对错，帮助人们采取正确的行动。

那时苏美尔人居住地的北部生活着一些闪米特人。公元前 3000 年左右，闪米特人的一支——阿卡德人陆续来到两河流域北部定居。他们作为苏美尔人的邻居和苏美尔人进行贸易，向苏美尔人纳贡，学习苏美尔人的各种知识，接受苏美尔文明的影响。与此同时，他们也对苏美尔人进行抢劫和袭扰。

公元前 2371 年，阿卡德人在两河流域建立了一个强大的王国，王国的缔造者叫萨尔贡。萨尔贡出身贫寒，其母地位卑微。萨尔贡一出生就被母亲放在篮子中扔进了河里，但他被一个汲水工救起，终至抚养成人。萨尔贡年轻时做过园丁，后被推荐给基什国王，成为他的臣僚，并逐渐得到众人的推戴和国王的赏识。最后，萨尔贡篡夺了基什的王位，将王冠戴在了自己的头上（图 21.2）。

◎ 图21.2 阿卡德王国的缔造者萨尔贡

阿卡德王国建立后，萨尔贡励精图治，采取种种措施巩固王权。他改革政治，加强中央集权，委任地方总督，兴修河渠，发展经济，统一度量衡，同时展开了一系列大规模的军事行动。他首先征服了整个苏美尔世界，然后建立起一个从波斯湾到地中海的庞大帝国。这个帝国拥有先进的文化和肥沃的农田，它位于两河流域下游肥沃的三角洲地区，是人类历史上最早的帝国，早于那个地区后来出现的巴比伦和亚述帝国。此后帝国继续开疆拓土，国势日盛，东西长达 1400 千米。到了公元前 2300 年至公元前 2200 年，阿卡德帝国进入空前繁盛时期，那时阿卡德人几乎全盘接受了苏美尔文化，他们使用楔形文字，种植大麦、小麦和各种蔬菜、水果，还饲养山羊、牛和绵羊以获取奶类和羊毛。这正是：

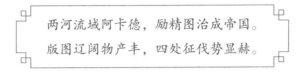

两河流域阿卡德，励精图治成帝国。

版图辽阔物产丰，四处征伐势显赫。

　　然而显赫的景象宛若昙花一现，帝国的好时光瞬间即逝。不到200年，阿卡德帝国便不复存在了。

　　是什么导致了阿卡德帝国的消亡呢？是王权的丧失、地方的反叛，还是他国的侵略？

　　1993年，科学家们找到了公元前2200年阿卡德帝国城市遗址的断层。他们发现，在公元前2200年以后的断层里出现了1米厚的沙尘堆积物，里面混杂着一些石块、淤泥和人工制品的碎片，而蚯蚓等土壤生物的痕迹难以发现。这表明，在阿卡德帝国所在的哈布尔平原上，当时发生了干旱，出现了沙尘暴。

　　这场干旱的规模很大，导致土地品质大打折扣，美索不达米亚平原上的许多城市被废弃。关于这一点，我们可以从城市遗址考古中找到大量证据来印证。挖掘结果表明，城市的遗弃发生在它巨大的城墙和寺庙被重建、粮食生产得到恢复以后，这说明遗弃是突然发生的。在随后的残骸、灰尘和沙子中也没有发现人类活动的遗迹。那些被风吹散的沙子都很细，没有蚯蚓活动的痕迹。这是降雨量减少、气候干燥多风的表现。有证据显示，当时的绵羊和牛瘦骨嶙峋，很多死于干旱。幼发拉底河和底格里斯河的水位比公元前2600年的水位低1.5米，多达2.8万人逃离家园到其他更湿润的地区去寻找水源。

　　由于水源干涸，一些游牧民族便将牧群迁移到更靠近水源的地方，这引发了阿卡德人与牧民之间争夺水源的冲突。为了阻止牧民在农田里放牧，人们在幼发拉底河和底格里斯河之间修建了一堵长达180千米的长墙。这不仅于事无补，反而加剧了社会动荡。

　　干旱加速了帝国的覆灭。首先发生了严重的饥荒，人们纷纷丢下土地，逃离家园，原本是帝国粮仓的平原不久就变成一片荒芜；继而是国力衰退，社会矛盾激化。一些城市发生了骚乱，流民攻占城市，抢占水

106

源，骚动此起彼伏。这些事被古代学者用楔形文字记载了下来，如"西人入侵，城池相继被夺""流民至，死无葬身处"等。在几百年以后的史诗《阿卡德的诅咒》中也出现了有关饥荒的描述。诗中写道："自从城市建好后，大片农田无收成，洪水滔滔无游鱼，浇灌的果园无果浆，云彩汇集不下雨……"诗中描述当时大旱无雨，农田颗粒无收，人们在饥饿中挣扎。这正好说明当时饥荒确实存在。多年来，《阿卡德的诅咒》中描述的事件一直被认为是虚构的，就像萨尔贡的身世一样。但现在遗址考古的证据表明，当时剧烈的气候变化可能的确存在，并对阿卡德帝国的灭亡起到了推波助澜的作用。

　　在这种严峻的形势下，帝国走向了末路，阿卡德的主要城市也被遗弃了。今天人们推测，当年造成干旱的元凶是一股北大西洋寒流。那一股寒流改变了气流行进的路径，给阿卡德帝国造成了异常的干旱，而那个时候它正好处在由盛转衰的时节。时运不济，雪上加霜，阿卡德帝国就这样以极快的速度走向了崩溃。这正是：

> 自古英豪喜征伐，无疆帝国后世夸。
> 怎奈一朝寒流至，唯见残垣映晚霞。

　　阿卡德帝国消失后，苏美尔人的城市国家又一个个重新出现。后来，又一批闪米特游牧民族侵入两河流域，他们在著名的统治者汉谟拉比的带领下建立了巴比伦王国，将两河流域的文明继续向前推进。

第二十二回

寻古城男孩立大志，
探珍宝残垣说沧桑

阿卡德帝国的消亡令人叹惋，然而在欧洲，也有同样的悲剧在发生。大约公元前 8 世纪，伟大的古希腊盲诗人荷马正在如数家珍般地吟诵着古希腊文明的辉煌，其中的故事发生于古希腊文明的早期，它们作为古希腊神话的重要内容被广泛流传。

传说"争吵女神"厄里斯把一只金苹果带到了一个隆重的婚礼上，苹果上刻有"给最美女神"几个字，结果引发了一场争吵，因为奥林匹斯山上的女神们都认为只有自己才最有资格得到这只金苹果。于是大家闹到了众神之王宙斯那里，宙斯要女神们到特洛伊去，请特洛伊王子帕里斯做个评判。

女神们找到帕里斯，她们都给帕里斯最诱人的许诺：天后赫拉许诺他成为一位国王，智慧女神雅典娜许诺他成为最聪明的人，而爱与美女神阿佛洛狄忒（图 22.1）则许诺他得到全希腊最美丽的女子。

帕里斯既不要王冠也不要成为最聪明的人，他将苹果判给了阿佛洛狄忒。于是，阿佛洛狄忒让全希腊最美丽的女人、斯巴达国王墨涅依斯的王后海伦爱上了帕里斯。在阿佛洛狄忒的帮助下，帕里斯带着海伦逃回了特洛伊。

愤怒的斯巴达国王墨涅依斯无法忍受这样的羞辱，他决定诉诸武力。于是，在他的恳求下，全希

◎ 图22.1　希腊神话中的爱与美女神阿佛洛狄忒

腊组成了一支以迈锡尼王阿伽门农为首领的希腊联军，他们发动了一场针对特洛伊人的全面战争。

但特洛伊城十分坚固，希腊联军攻打了 9 年也没有打下来。到了第 10 年，一位足智多谋的将领奥德修斯想出了一条妙计，他要人造一匹巨大的木马，让一些全副武装的希腊战士藏在木马中，然后将木马扔在特洛伊城的城外，希腊联军则装出撤军的样子返回海上。

特洛伊人不知是计，把木马拉进城里。半夜里，当特洛伊人庆祝完胜利进入梦乡后，隐藏在木马中的希腊战士迅速跳出来打开城门，埋伏在附近的大批希腊军队如潮水一般涌进了特洛伊城。

这样，希腊联军攻下了特洛伊城，海伦也被墨涅依斯带回希腊。10 年的战争终于以希腊联军的胜利宣告结束。

1829 年圣诞节，一个 8 岁的男孩得到了一本名为《图解世界史》的图书。这是男孩的父亲送给他的圣诞礼物，里面讲述了特洛伊城被攻陷的故事。巨大的城墙、雄伟的城门和动人心弦的情节深深地吸引了男孩。此前，他的父亲也经常给他讲《荷马史诗》，所以男孩对其印象深刻，他相信那些故事是真实的。他对父亲说："长大以后，我要找到特洛伊城。"

这正是：

> 小小年纪懂自强，勤学好思读书忙。
> 莫道孩童吐诳语，早有大志胸中藏。

这个男孩名叫海因里希·谢里曼（图22.2）。他9岁丧母，几年后又因无力支付学费而不得不离开学校外出做工。他当过学徒、杂役，受尽人间磨难。他喜欢读书，尤其喜欢读《荷马史诗》。有一次，他在杂货店中听到一个醉汉在背诵《荷马史诗》，这让他产生了一种偶遇知音般的兴奋和喜悦。谢里曼觉得史诗中描述的传奇故事和宝藏确实存在。

◎ 图22.2 德国考古学家海因里希·谢里曼

20多岁时，谢里曼开始经商，他的生意做得非常成功。他还发现自己很有语言天赋，于是开始拼命自学外语，这使他成了非常出色的进出口商人。到了生命的最后阶段，谢里曼已经熟练掌握了十几种语言。

42岁时，谢里曼已经很有钱了，他决心把自己多年来的梦想付诸行动，要根据《荷马史诗》中描述的情形去寻找那充满了宝藏的特洛伊古城。

根据研究和考察，谢里曼认定小亚细亚半岛东岸的西萨立克就是特洛伊城的所在地。1870年，他组织发掘。两年后，一座古城的遗址终于出现在人们的眼前：有城墙、街道、墓葬和大量文物，与《荷马史诗》中的描述非常相似（图22.3）。这些发现印证了特洛伊城的富裕，让人们看到了王宫的奢华。人们还发现战火焚烧的大量痕迹。据说特洛伊城在公元前2000到前1000年间经历多次焚毁和重建，这可能是由于特洛伊

◎ 图22.3 特洛伊
城遗址

111

城所处的位置非常重要，它控制了古代通往黑海的通商路径。这是古代西方通往东方的交通要道，所以也是兵家觊觎的地方。

特洛伊城被发现后，考古学界大为震惊。英国学者亚瑟·伊文思也因此受到激励和鼓舞。伊文思和谢里曼不同，他自幼就深受古典文化的熏陶，曾就读于牛津大学，接受过系统的专门教育，是一位学院型考古学家。

伊文思关注的是位于地中海东部的克里特岛，他相信克里特岛隐藏着了解古希腊文明起源的关键线索。希腊神话描述，来自雅典的著名建筑师代达罗斯为克里特国王米诺斯修建了一座宏伟的迷宫，无论谁走进这座迷宫以后都难以走出去。1899年，伊文思来到克里特岛，他招募工人，正式开始考古发掘。结果，他真的发现了一座王宫，与《荷马史诗》和希腊神话中描述的迷宫极为相似。与此同时，其他宫殿也相继被发现。于是，一个过去只存在于传说中的古代文明呈现在世人面前。这个文明叫克里特文明，位于克里特岛和爱琴海的其他岛屿上，发端于公元前2700年，史学家们称之为"欧洲文明链条上的第一环"。

克里特文明孕育了一个强盛的国家，其中最伟大的君主叫米诺斯，他建立了统一的米诺斯王国，首都是克诺索斯城。根据记载，克里特岛上有90座城镇。从发掘出的遗址看，绝大多数宫殿位于克里特岛的中部和东部，它们以宏伟和精致闻名于世。其中一些宫殿高达4层，最著名的米诺斯宫殿就是传说中的迷宫，叫克诺索斯宫（图22.4），占地约2万平方米，占据了几个山丘。宫内房间无数，楼梯、坡道和走廊穿插其间，并饰有精美的壁画。

　　然而正当米诺斯王国如日中天的时候，一些宫殿却同时遭到了破坏，这是怎么回事呢？原来公元前1650年左右，克里特岛附近的一座火山喷发了，岛上的城市被埋在厚厚的火山灰下，由火山喷发引发的巨大海啸摧毁了克里特岛上的城市和村庄。一些定居点消失了，米诺斯王国化为乌有，克里特文明也迅速走向了衰亡。这正是：

> 岛上文明兴又衰，多少往事尘土埋。
> 高楼迴廊今又现，重说当年话精彩。

◎　图22.4　克诺索斯宫

克里特文明消亡后，其文明的中心转移到伯罗奔尼撒半岛上的迈锡尼。在《荷马史诗》的描述中，迈锡尼是一座富饶雄伟的都城，但究竟有没有这座城市，学者们的看法也不统一。大部分人都认为它只存在于神话和传说中，并非真的存在，但谢里曼依然十分相信《荷马史诗》中的描述。1876 年，他带领一支挖掘队来到希腊南部的一座小山上。经过艰苦的挖掘，他发现了巨大的陵墓、城址和石狮门（图 22.5）。陵墓里还有一位君主的遗体，他带着黄金面具。原来，那次火山爆发后，一些说希腊语的阿卡亚人来到了伯罗奔尼撒半岛定居，他们尚武好战。从公元前 16 世纪上半叶起，他们开始在爱琴海诸岛建立一些奴隶制国家，逐渐形成了一个新的文明。由于迈锡尼是其中一个强大王国的首都，所以人们就称这个文明为迈锡尼文明。

◎　图22.5　迈锡尼城的石狮门，是御敌的要冲

迈锡尼人适应和接收了米诺斯的文化，同时也创造性地发展了自己独特的文字和工艺。他们最突出的成就是建筑艺术，建造了不少大型工程，如防御工事、桥梁、涵洞、渡槽、水坝等。

公元前 12 世纪，迈锡尼文明开始衰落。为了扭转危局，他们掠夺财富，以迈锡尼王阿伽门农为首的希腊联军跨海远征特洛伊，经过 10 年大战终以木马计攻下该城。然而这场胜利并没有拯救迈锡尼，反而敲响了迈锡尼文明的丧钟。正是在这场战争尘埃落定以后，迈锡尼文明神秘地消失了，以迈锡尼为中心的一些希腊城市和居住地被毁坏和抛弃，幸存下来的城市倒退到了农耕时代。贸易活动停止了，一些技能（例如书写）失传了。这时的古希腊完全陷入了沉寂的状态，只有它曾经的骄傲与悲情被保留在神话和史诗中，从而也成就了一段现代考古学的精彩传奇。

正是由于谢里曼和伊文思等人的不懈努力，人们才终于明白，原来伟大的古希腊文明并不是发源于希腊本土，而是发源于爱琴海上的克里特岛，此后转移到了伯罗奔尼撒半岛。这就是灿烂的克里特－迈锡尼文明，它又被称为爱琴文明。

究竟是什么造成了迈锡尼文明的崩溃？传统的说法有两个：一是迈锡尼在当时遭遇了一个神秘的海上民族的连续入侵；另一种观点认为，迈锡尼的没落发端于社会内部的矛盾冲突。

2010 年，一项在叙利亚境内开展的研究为人们提供了了解迈锡尼文明的新思路。通过对河流沉积物的研究，科学家们发现，在公元前 1200年至前 850 年的那段时间里，地中海地区经历了一段寒冷的时期，导致蒸发量和降水量减少，造成大面积干旱，而那段时期也正好处在迈锡尼文明走向衰败的"希腊黑暗时代"。无独有偶，在那个时期，地中海沿岸的其他一些文明（如赫梯帝国和埃及新王国）也从历史的星空中陨落了。这种现象被历史学家们称为"青铜时代晚期的崩溃"。

"黑暗时代"延续了 300 年，直到公元前 800 年，随着城邦雅典和斯巴达的兴起，古希腊才重振雄风，进入希腊文明的新时期。有诗为证：

> 爱琴海上波涛涌，文明曙光岛上升。
> 发展路途虽曲折，终得辉煌如日蒸。

第二十三回

林中突现废城晚照，
荒处乍露古塔夕阳

前回讲到两河流域、阿卡德帝国和古希腊的爱琴文明，它们的兴衰历程无不说明人类社会的发展与自然环境的改变存在着密切的联系。在人类的历史上，这样的事例不在少数。就在阿卡德帝国走向末途后不久，大约公元前2000年，在遥远的美洲，另一个伟大的文明正在崛起，那就是玛雅文明。

据说西方人知道"玛雅"这个词已是16世纪了。当时哥伦布正在美洲，他在当地的一个市场上发现了一个来自玛雅的陶盆。这件器物给他留下了很深的印象，"玛雅"这个词也被他带回欧洲，并第一次为西方人所知。

但玛雅文明真正被人们注意到则是在19世纪，这得益于一位律师，其名为约翰·劳埃德·斯蒂芬森。斯蒂芬森于1805年出生于美国纽约的一个富商家庭，他喜好访古探奇，多年来一直在欧洲以及阿拉伯地区漫游。旅游中的所见所闻则被他写成游记出版。斯蒂芬森具有敏锐的观察力，而且文笔优美，描述精到。1837年，他的两本游记出版。两本书均配有精美的插图，这些插图由英国插画家、考古学家弗雷德里克·卡瑟伍德绘制。这位画家也痴迷于异国旅行，因而很快便与斯蒂芬森结下了友谊。卡瑟伍德推荐斯蒂芬森阅读一部名为《尤卡坦省览胜记》的书，书中精美的石版画让斯蒂芬森耳目一新，其中的描述也促使斯蒂芬森把目光投向了中美洲。虽然那时的人们已经知道在墨西哥南部、尤卡坦半岛、危地马拉和洪都拉斯等地存在大量废墟，但对它们的了解十分有限。人们认为那些废墟的建造者是埃及人、迦太基人或者其他外来民族，但绝不可能是原始落后的美洲原住民。

斯蒂芬森和卡瑟伍德对古代文化和废墟遗址的共同兴趣促使他们决定结伴前往中美洲以寻找更加新奇的旅行体验。几经周折，两位志同道合的朋友于1839年10月踏上了前往美洲的旅程。这正是：

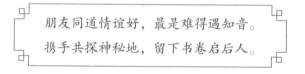

朋友同道情谊好，最是难得遇知音。

携手共探神秘地，留下书卷启后人。

经过一段漫长的旅行后，两位旅行者来到了中美洲的热带雨林中。当来到位于洪都拉斯的科潘时，他们遇到了一条河，河对面可见巨大的建筑，类似于长长的石墙，周围已是衰草丛生，破败不堪。两人很快认出，那是一座巨大建筑物的遗迹。由于衰草覆盖，废墟下面的建筑物的形状很难辨别，看上去像一座金字塔。

两人靠近建筑物，开始攀登那些巨大的石头阶梯，沿途还要跨越一些石缝和杂树。

金字塔（图23.1）的顶部是一座庙宇，墙体已倒塌，周围立着石碑和雕有人和动物图案的石柱，其他图案则非常陌生。现在人们知道，玛雅人在3000年前就开始建造具有宗教意义的建筑，早期的建筑物是一些很简单的土台，后来演变成金字塔。但玛雅人的金字塔与埃及的金字

◎ 图23.1　玛雅
金字塔

塔在造型上不尽相同，在用途上也很不一样。埃及金字塔是古代法老的陵墓，而玛雅金字塔则主要用于祭祀和庆典。

　　原来，科潘是玛雅的一座古城的遗址，是古代玛雅人的一处宗教和政治中心，曾是一个玛雅王国的首都，坐落在一个长13千米、宽2.5千米的峡谷中。除了金字塔外，遗址中还有广场、庙宇、雕刻、石碑等。在中美洲，这样的城市遗址还有不少，非常著名的包括蒂卡尔、帕伦克、基里瓜等。

　　考察完科潘后，斯蒂芬森和卡瑟伍德又前往下一个目标帕伦克。这座遗址也有宏伟的宫殿和神庙，曾是玛雅繁盛时期最重要的城市之一。

　　两人分工合作，斯蒂芬森用详细的文字描述遗址中的纪年碑、金字塔和宫殿，卡瑟伍德则用逼真的绘画记录遗址中的各项发现。在考察中，斯蒂芬森注意到多处石碑上的图案都很相似，象形文字（图23.2）的书写方式也

◎ 图23.2　玛雅象形文字

相同，这表明这些图案和文字的创造者属于同一个种族和文明。他们的文化是独一无二的，不同于其他种族，其文明程度也比此前人们认为的要高得多。

两位探险者从一处遗址来到另一处遗址，就这样连续考察了40来座遗址。斯蒂芬森激动不已，思绪万千，他仿佛面对着一艘折戟的沉船，没有人知道它来自何方，也没有人知道它为何沉没。他凭吊这艘文明之船，并坚信它的主人就是这里的原住民，那些原住民和还居住在这里的玛雅人的关系相当密切。

回到纽约后，斯蒂芬森和卡瑟伍德于 1841 年和 1843 年分别出版了他们创作的两本带插图的著作《中美洲、恰帕斯和尤卡坦纪闻》和《尤卡坦纪闻》。于是，隐藏在中美洲密林中的那个失落的世界终于重见天日了。正是这两本书首次将玛雅文明公之于世。在此之前，这个文明一直被封存在密林中，除了当地的原住民，没有人知道它的存在。这正是：

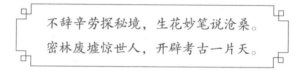

不辞辛劳探秘境，生花妙笔说沧桑。
密林废墟惊世人，开辟考古一片天。

现在人们知道，玛雅文明位于太平洋东岸的墨西哥和中美洲地区，开始形成于公元前 2000 至前 1500 年。尽管玛雅人说同一种语言，有相同的信仰，但他们并没有建立一个统一的国家体系，也没有共同的国王和首都，只是存在于一个共同的文化圈中而已。

到了公元 250 至 800 年，玛雅文明进入鼎盛时期。那时玛雅人拥有数百座城市，形成了许多人口密集的城镇，建造了宏伟的金字塔、宫殿、广场和道路。鼎盛时期的玛雅社会相当繁荣，一些城市的人口可达十几万，农民开垦土地，种植玉米、南瓜和豆类，工匠制作各种手工艺品、日常用品和棉织品，商品丰富，贸易发达。

神奇的是，玛雅人的灿烂文化是石器文明的结晶。那些独特的象形文字，高度精确的数学和天文历法（图 23.3），精美的彩陶、壁画、雕刻

◎ 图23.3 玛雅的天文台

和铭文都令人叹为观止。

　　然而，玛雅人在9世纪突然放弃了大量城市和田园，开始大举迁徙。很多地方的金字塔、寺庙、城堡和石柱都停止了施工，各地的玛雅人好像不约而同地匆匆离开了他们世代居住的家园。

　　公元820年，科潘的最后一位国王死去后，科潘的辉煌就此结束。以后的几个世纪，这里人口锐减。到公元1200年，除了少数农民和猎户外，科潘已无人居住，热带雨林开始慢慢地侵吞那些曾是人类住所的建筑物。宏伟的庙宇和高塔、精美的雕刻和石碑渐渐被密林和荒草所掩没。

　　科潘的衰败不是个例，它是整个玛雅文明衰败的缩影，蒂卡尔、帕伦克、基里瓜等玛雅城市都未能逃脱同样的命运。

　　这样，曾经繁华的城市、高大的建筑、完整的祭祀场所和精美的石雕被遗弃在了丛林中，任由风雨剥蚀，衰草丛生（图23.4）。

　　从那以后，玛雅文明的辉煌便不复存在。虽然此后玛雅人在尤卡坦半岛兴建了一些新的城镇，开启了玛雅文明的所谓后古典时期且一直延续到16世纪，但那也只是这个伟大文明留给世人的背影而已。

玛雅文明的突然衰败留给人们一个巨大的问号：究竟在公元9世纪，玛雅人经历了什么？

为了解答这个疑问，人们提出了许多理论，如人口爆炸、资源匮乏、外族侵扰、自然灾害等。一个引人注目的事实是，在玛雅文明衰落的时候，玛雅

◎ 图23.4　丛林中的石头雕像

人遭遇了持续时间很长的严重干旱。确认这个事实的依据来自土壤沉积物中的钛元素，作为了解气候变迁的一个线索，它为人们提供了破解玛雅文明衰败之谜的全新视角。

根据沉积物中钛元素含量的变化，人们发现，那场干旱从公元9世纪开始，持续了100多年。它由3次严重的旱灾组成，它们分别发生于公元810年、860年和910年，持续时间分别为9年、3年和6年。可以看出，这3次旱灾发生的时间与玛雅人抛弃他们城市的时间是一致的。

水是玛雅人的命脉。玛雅人通常以夏季为耕作和蓄水的主要季节，假若那个时候降水减少，一些地区就可能遭受严重的水荒。假若干旱持续多年且一而再、再而三地发生，饥荒便在所难免，且极易导致社会解体、家园荒芜、人口骤减等严重后果。玛雅人在公元8世纪多达1500万，但在公元830年人口就骤减了3/4，最终在公元9世纪留下衰败的历史背影后淡出了历史舞台。

造成玛雅文明走向衰败的那场可怕的气候灾难可能与太阳的活动存在密切的联系。有些人还认为，玛雅人大兴土木削弱了他们抵御气候剧变的能力。他们修建巨大的神庙和金字塔时砍伐了大片森林，环境恶化势不可挡。当干旱来袭的时候，玛雅人也就只好逃之夭夭了。这正是：

曾是繁华昌盛地，何故只有废墟存？

持续发展有奥妙，要与环境和谐生。

对玛雅文明的发现和认识是 19 世纪考古学的重要成就，然而有趣的是，当斯蒂芬森和卡瑟伍德在美洲热带雨林中惊叹于玛雅人的城市奇迹时，一位法国人在亚洲的丛林中也考察了一组被人遗忘的建筑。这位孤独的旅行者来到东南亚，无意中在原始森林里遇到了宏伟的古寺遗迹，这令他大为惊讶，由此也引出了一段令人叹惋的精彩传奇。究竟这位旅行家遇到了什么，且听下回分解。

第二十四回

博物家远游遇古寺，
亲历者近察留奇书

　　且说 1861 年 11 月 10 日，一位离家已有 3 年的法国旅行家孤独地长眠在了柬埔寨北部的丛林深处。这位旅行家名叫亨利·穆奥，他于 1858 年来到东南亚，先后多次游历了暹罗（今天的泰国）、柬埔寨和老挝。他一路上眼观手记，写下了不少观感和日记。

　　沿湄公河支流经洞里萨湖深入热带丛林后，穆奥遇到了一座美轮美奂的古寺，宏伟的庙宇、宫殿、石像令他折服，廊柱、浮雕、迴廊的精致令他赞叹。于是，穆奥停了下来，他对古寺做了精细的考察和记录，还用画笔进行了描绘。他对古寺的艺术推崇备至，称其"远胜于古希腊、罗马留给我们的一切"。他还说，离开这里就"宛如从灿烂的文明世界顿时堕入了蛮荒之中"。

　　在考察古寺的过程中，时年 35 岁的穆奥染上了疟疾，从而不幸殒命在了这片远离家乡的热带丛林中。在生命的最后时刻，穆奥并没有感到遗憾。在写给家人的信中，他表示能看到如此美丽的胜景已令他心满意足。

◎　图24.1　吴哥窟

这座古寺就是吴哥窟（图 24.1），位于柬埔寨北部的热带丛林中。

然而穆奥游历东南亚的目的并不是寻找吴哥窟，他是一位生物学家，喜欢收集动植物标本，尤其专注于鸟类和贝类的研究。大约在 1856 年或 1857 年，一本名为《暹罗王国与人民》的书使他萌生了前往东南亚的念头，他想去那里收集新的动植物标本。为了达成目标，穆奥向拿破仑三世政府和一些法国公司申请探险经费，但均遭拒绝，最后还是英国皇家地理学会和伦敦动物学会伸出了援手，使他终于得以乘船经新加坡前往曼谷。

到达曼谷后，穆奥以曼谷为据点，先后 4 次进入暹罗、柬埔寨和老挝的内陆地区。他时而乘船，时而乘大车，时而步行，时而骑大象。在考察吴哥窟前，他以这种方式探索了一些人迹罕至的丛林地带，忍受了长途跋涉的极度艰辛、丛林中的闷热和野生动物的侵扰，从而收集了大量昆虫和贝类标本。

1859 年，穆奥再次向北进发，一直进入辽阔的洞里萨湖。登岸后，他进入丛林深处。次年 1 月，穆奥的眼前出现了许多古代梯田、水池、宫殿和寺庙。最后，在密林深处，他发现了令他惊讶不已的吴哥窟。但见：

> 迴廊雕像纵横布，古树石塔相伴立。
>
> 精巧佳作夺天工，疑是神仙舞妙笔。

从这时开始，穆奥就完全被吴哥窟吸引住了，旅行日记中有着他对吴哥窟的详细描述。他赞叹道："有些寺庙可能并不逊色于我们拥有的最美丽的建筑，它们与所罗门的圣殿和米开朗琪罗的创造同样出色，其伟大也不亚于任何古希腊、古罗马的建筑。"（图24.2）

◎ 图24.2 精致的女王宫

其实穆奥并不是第一个发现吴哥窟的，他甚至也不是第一个将吴哥窟介绍给西方世界的人。事实上，吴哥窟并没有像玛雅遗址那样被人遗忘，高棉人一直知道它的存在和具体位置，而西方学者和旅行家自16世纪起就开始造访吴哥窟，有的人还将游历的经过写成游记。例如，1550年葡萄牙商人迪奥戈·杜·库托来到吴哥窟，1586年葡萄牙僧侣安东尼奥·达·玛格达莱娜来到吴哥窟，他们都留下了文字描述。1857年，法国传教士布依勒沃发表游记《1848—1856年印度支那旅行记：安南与柬埔寨》，其内容也包含了对吴哥的描述。

然而很少有人对这些描述产生兴趣，穆奥的描述则不同，他的手绘生动细腻，既反映整体布局，又表现局部细节，那些拥有吴哥特色的露台、屋顶、石柱、门廊和浮雕（图24.3）以及动物、植物、舞者和僧侣都在他的画中得到了生动的表现。穆奥的文字美妙有趣，拥有激发读者好奇心的力量，从而也十分成功地引起了读者的兴趣。

因此，只有穆奥的文字和绘画得到了读者的关注，西方人在看了他

◎ 图24.3　表现
舞者的浮雕

的文字和绘画后开始将目光投向吴哥窟，他们甚至认为穆奥发现了吴
哥窟。

　　穆奥去世后，他的随从将他安葬在湄公河支流南康河畔，他的日记、
标本被运回欧洲，他考察吴哥窟的文字和绘画被他的弟弟整理成了一本
书，名为《暹罗柬埔寨老挝诸王国旅行记》，于 1862 年在巴黎出版。

　　然而穆奥并没有找到吴哥窟的真正主人。面对吴哥的胜景，他产生
了疑问。他写道："这个强大的民族如此文明进步，然而现在这些巨大建
筑物的创造者又到哪里去了呢？"

　　在穆奥看来，吴哥窟所代表的文明比高棉人的文明更早，而现在高
棉文明虽然存在，并且和建造吴哥窟的文明同属一种文明，但高棉文明
还处于"野蛮状态"。他不相信高棉文明可以建造出这样美妙的艺术（图
24.4）。他认为吴哥窟的创造者是一个消失了的种族，并且错误地将吴哥
窟的历史追溯到 2000 多年前——与罗马时代大致相同。这正是：

> 眼前景物幻亦真，如此艺术谁做成。
> 辉煌岁月已流逝，难寻巧夺天工人。

　　吴哥窟的真相是由一本来自中国的史书披露的，这本书名为《真腊

◎ 图24.4　巨佛面像

风土记》，作者是生活在元朝的地理学家周达观。周达观是温州永嘉人，1296 年奉命以考察使的身份前往真腊（也就是现在的柬埔寨），而吴哥就是真腊的首都。周达观在吴哥住了一年多，那里的一切令他备感新奇。回国后他撰写了此书，详尽记载了真腊的山川风物、民俗物产、文化习俗等。这本书后来被翻译成法文。通过这本书的描述，结合后来人们对整个吴哥窟遗址的考古研究，吴哥窟的真相才终于呈现在人们的面前。

原来，吴哥城是高棉帝国的都城，这个帝国始建于公元 802 年。12 世纪，国王苏耶跋摩二世举全国之力兴建了规模宏伟的石窟寺庙以供奉印度教主神毗湿奴，这个寺庙就是吴哥窟。现在我们知道，吴哥窟并不是一个独立的结构，它是吴哥城的心脏，而吴哥城的面积达 1000 平方千米，它的边缘还环绕着更为广阔的市郊。工业革命以前，吴哥也许是世界上规模最大的城市之一，然而它在 1431 年被入侵，随后便被遗弃了。

关于吴哥的遗弃，人们认为最直接的原因是高棉与暹罗之间的战争。从 13 世纪中叶开始，高棉的国力渐渐衰微，而暹罗人此时则开始侵扰高棉。1431 年，暹罗人占领了吴哥，吴哥遭到大肆破坏，大部分城市建筑和灌溉设施被摧毁，人们赖以为生的田地无法耕种，王室被迫迁离，吴哥几乎完全荒废了。

传说吴哥窟就这样被人们完全遗弃了，它被掩藏在密林之中，无数巧夺天工的艺术精品从此沉寂了数百年之久。

多少年来，人们对吴哥被遗弃的原因进行了大量研究。人们发现，在 14 世纪中期和末期，吴哥地区的季风很弱，雨水不足，导致水位下降，水稻种植受到严重影响。

在南亚，人们依靠季风带来的降水灌溉农田。平常年份，那些雨水会灌满沟渠和池塘；然而由于干旱，吴哥的沟渠、池塘和运河全部干涸了。

到了 15 世纪早期，一次虽然短暂但很严重的干旱又一次袭击了吴哥，这恰恰是吴哥被抛弃之前。随后的几年，季风又以猛烈的势头卷土重来，但这次带来的并不是丰沛的雨水，而是严重的洪水泛滥。于是，吴哥在被遗弃前的那段时间里接二连三地受到异常气候的冲击，这为外族入侵提供了可乘之机，导致整个帝国土崩瓦解，吴哥也不得不被整体地放弃了。

其实，类似的情况（即气候变化给人类社会带来动荡）在历史上还能找到不少实例，它们多以战争的形式给人类社会带来巨大的灾难。17 世纪，欧洲遭遇了一场大危机，由神圣罗马帝国的内战演变而成的三十年战争（1618—1648 年）搅得欧洲动荡不安。这是历史上第一次欧洲大战，十几个国家为争夺利益和霸权卷进了残酷的厮杀。这场战争旷日持久，战况惨烈异常，大量村庄被摧毁，许多士兵和平民被屠杀（图 24.5）。今天我们知道，那时的欧洲也正好处在寒冷的小冰期。

事实证明，人类社会的发展不可能超脱于自然环境之外而"我行我素"。很多时候，自然环境的恶化深刻地影响了人类社会的发展进程。这正是：

> 大厦齐天看似坚，亦有不期倾倒时。
> 自然规律不可违，和谐发展才是真。

当历史的车轮沿着时光的航道驶向未来时，人们不禁要问，历史的悲剧是否还会重演？

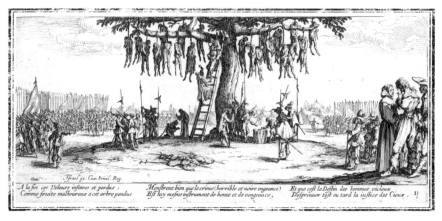

A la fin ces Voleurs infames et perdus,   Monftrent bien que le crime (horrible et noire engeance)   Et que c'est le Deftin des hommes vicieux
Comme fruits malheureux à cet arbre pendus   Eft luy mefme inftrument de honte et de vengeance,   D'esprouuer toft ou tard la iuftice des Cieux . 11

◎   图24.5   表现三十年战争的版画《绞刑》，法国画家雅克·卡洛特作

第二十五回

温升一度困扰百出，
热涨几许紊乱丛生

诗曰：

物换星移地球转，四季更替人事忙。
进步换得生活好，挥霍导致环境伤。
烟尘飞扬气温升，冰川消融海水涨。
人类发展有共识，恢复绿水与青山。

前回讲到人类文明的兴衰起落，这些故事无不证明自然环境一直在影响着人类社会的文明进程，改变着人类生存和发展的状态；但反过来，人类也在影响着大自然。事实上，地球上的任何一个物种，不论是微生物还是参天大树，所有生命都在化学上和物理上改变着地球。

然而人类改变地球的方式与众不同，他们对地球的影响经常是有意识的、主动的，并且非常大。

这样的改变大约是从5万年前开始的。对古生物化石的研究表明，澳大利亚、马达加斯加和北美大陆的动物灭绝始于人类的到来。在远古时期，那里生活着许多大型动物，如猛犸（图25.1）、骆驼、大树懒和剑齿虎等，但它们现在都灭绝了，今天那里的人们只能看到鹿、羚羊和野牛等少数大型动物了。

◎ 图25.1 猛犸

但更致命的改变始于1750年左右，即工业革命开始的时候。这场革命发端于英国的纺织业。那时，农业还是这个国家的主要产业，这种状况已经延续了好几个世纪。农民、领主和行会提供食物和日常用品，而手工业则只是一些工匠个人的行为，它作为这个农业社会的一种边缘职业而存在。然而仅仅几十年的时间，一些由单个作坊组成的生产纺织品的乡村就发展出了自己的工业体系。

18世纪中叶，纺织工人们已经会用纺轮纺线了。使用踏板，他们可以很容易地纺出棉线来。到了1770年，一种新发明的纺织机使工人们可以一次纺出8根线，以后发展到16根线乃至更多。再往后，不断改进的纺织机甚至可以一次纺出80根线了。与此同时，更多的机器设备出现了。到了1840年左右，制造商们已经可以把以前需要一个星期完成的工作在一天内做完。工人大量增加，人们涌进城市，希望住在离工厂更近的地方。在那些工厂里，工人们一天要工作12小时甚至更长时间。市区在扩大，商品在丰富，人口在增加，一切都越来越多，越来越快。工作、产品、交易、市场，这些似乎就是那个时代的一切。

像所有处在变革中的时代一样，人们在欢欣鼓舞的同时也产生了担忧和恐惧。肮脏的环境成了工业化城市最明显的特征。维多利亚女王时代的伦敦被狄更斯称为"一个庞大而肮脏的城市"，这个城市也因此声名狼藉。当时，伦敦的空气中充满了各种污染物，煤炭燃烧后的粉尘弥漫在空气中，这使人们不得不在下午扎紧袖口和领口。在早期的工业社会里，物质被看得高于一切，而生命则是低贱的。艺术家们甚至担心人类欣赏自然和美的能力乃至于他们的天性会被这物欲横流的世界泯灭和扭曲。

然而一切的确在迅速地发生着改变。工业革命从英国扩展到欧洲的其他国家，又跨越大洋在美国蓬勃发展。工业革命把世界带入快速发展之中的同时，也不可避免地损害了大自然。人们大量开采资源，燃烧煤、石油、天然气等化石能源。这类能源由古代生物的化石沉积而来，故而得名。在过去近3个世纪的时间里，人类燃烧的化石能源和释放的二氧化碳超过了历史上的任何时代（图25.2）。

◎　图25.2　在过去近3个世纪里，人类燃烧了大量化石燃料，大气中二氧化碳的含量攀升了40%

于是，大气中充斥着大量人为制造的二氧化碳、甲烷和煤烟，它们戏剧性地改变了地球的气候。

本来，大气中的二氧化碳是地球上很多生物的生存所需，动物呼出二氧化碳，而植物则吸收二氧化碳以生长新的组织。然而，二氧化碳过多地进入大气中，就会带来问题，它们像玻璃一样让阳光照向地面，然后把热量"扣留"在地球上。这样一来，大气层就越来越热了。

要遏制这种局面也不是没有办法，最彻底、最有效的办法就是停止化石燃料的使用；然而这是不现实的，在今天的地球上，化石燃料驱动着绝大多数汽车、发电机和工厂里的机器，化石燃料点亮了城市高楼中的万家灯火，给我们带来了无比方便的现代生活。如果没有替代能源，人类须臾也离不开它们。

于是在过去近3个世纪的时间里，大气中二氧化碳的含量攀升了40%，这是过去300万年来地球上从未有过的情况，而这种情况带来的后果就是：到2015年，地球的平均地表温度比工业革命时期的平均值升高了1摄氏度。有诗为证：

> 工业革命促发展，无奈伴随烟尘扬。
> 温室气体含量高，气温上升环境伤。

虽然仅仅是1摄氏度，一些地方的冻土便开始解冻了，这是因为并不是所有地方温度上升的幅度都一样的。有些地方，尤其是两极地区的气温上升得比其他地方快，而这样的气温可以刚好融化冻结的冰。这时，变化就明显了。

在北极的一些地方，地面终年冻结，这就是永久冻土带。这种地方"封锁"着大量的碳，但由于冰的融化，永久冻土带"解了锁"，碳被释放了出来。土壤中的微生物大量繁殖，它们向大气中释放大量甲烷。这样一来，温室气体的水平就随之升高了。

随着气温的上升，陆地和海洋变得越来越热。气候开始紊乱，冰川开始融化（图25.3），供人们饮用的淡水渐渐失去了储存它们的"仓库"，海平面开始上升。

仅仅只有1摄氏度，一些城市就开始在热浪中呻吟。由于工业化进程的加快，城市人口越来越集中，人们在城市中建造的楼房越来越多，汽车和空调也潮水般地涌进城市。白

◎ 图25.3　正在融化的冰川

天，城市中的建筑材料吸收太阳的热量，夜晚它们又将热量释放到空气中，这就形成了城市的"热岛效应"。在夏天，一个人口密集的城市的气温可以比周围的乡村高 12 摄氏度。

于是，一些地方的夏季出现了越来越频繁的热浪天气。2003 年夏天，欧洲大陆的大部分地区遭受了罕见的热浪天气。莱茵河畔的古老城市巴塞尔的夏季平均气温达到了 29.5 摄氏度，比往年同期高出了 5.9 摄氏度。在法国，夏季气温连续几周高达 40 摄氏度，15000 人在 8 月的热浪中失去了生命，而整个欧洲那一年有 35000 人死于热浪，其中大部分人生活在城市中。这是欧洲近 50 年来遭遇的最大的一次自然灾害。

仅仅只有 1 摄氏度，植物和昆虫就发生了显著的变化，一些农作物出现减产。例如，假若不采取任何措施，全球平均气温每上升 1 摄氏度，小麦的产量就会下降 6%，而小麦是人类重要的食物来源。

对昆虫来说，它们的活动能力和繁殖能力也大不一样了。一些传播热带疾病的昆虫获得了更好的繁殖条件，还能将疾病传播到纬度更高的地方。

仅仅只有 1 摄氏度，人们就已经感到极端天气越来越多了，除了热浪外还有极端降雨和干旱。

在北半球，北极气温升高的速度会超过其他地区，这是因为冰雪的融化使北极地区出现了更多裸露的陆地和海洋，而这些地方更容易吸收阳光中的热量。于是，北极的温度进一步升高，北极和热带之间的温差变小了。

由于温差减小，从低纬地区涌向北极的气流失去了强劲的动力，它们"无精打采"地流向北极，有时干脆就停在一个地方不动了，这时气候容易变得"极端"。假若一个低压系统来到了你所在的地区，并且慢吞吞地不肯离开，你那里便可能持续地下雨；假若一个高压系统停在了你所在的地区，你那里便可能持续地高温干旱。

仅仅只有 1 摄氏度，海洋和大气之间的相互作用就会变得更加剧烈了，这种相互作用加剧了一种周期性气候变化，这时海水的温度异常升高，引发世界气候模式发生改变，导致极端天气频现（图 25.4）。有的地

◎ 图25.4　气候变暖导致极端天气频现

方暴雨成灾，有的地方少雨干旱，有的地方热浪滚滚，有的地方寒冷异常。气温仅仅上升了 1 摄氏度，这样的情况就更加频繁了。

仅仅只有 1 摄氏度，海洋生物就会处在危急之中。人类燃烧化石燃料产生的二氧化碳中有 1/3 是被海洋吸收掉的，海洋的这个作用有效地遏制了气候变暖，然而这也付出了代价，因为二氧化碳也伤害了一些海洋生物。

当二氧化碳溶解在水中时，它们就和水分子发生反应生成碳酸，大量二氧化碳溶于水会使海洋酸化。在海洋中，碳酸分解碳酸钙，而碳酸钙又是一些海洋动物（例如珊瑚和蛤蜊）所不可缺少的，它们用这种物质制造自己的壳。碳酸钙还为另外一种很小的有机体提供制造壳的材料，这种有机体叫有孔虫，是一种古老的原生生物。多数人甚至没有意识到有孔虫的存在，然而它们非常重要，它们位于海洋食物链的底端。当海水的酸度增强时，有孔虫和其他有壳的生物体便很难找到制造壳的材料，于是，整个海洋的生态就会因底层食物链的断裂而处在危急之中了。

这样，当历史的车轮奔向 21 世纪的时候，地球感受到一种令人担忧的压力。这正是：

> 碧水本清天本蓝，无序发展实难堪。
>
> 温升一度改变大，大气污浊流水脏。

　　然而气候变暖也会对地下岩石圈造成影响，地壳将变得不稳定起来。1755 年，一场大地震袭击了里斯本。那场地震在带给人类巨大痛苦的同时也激发了人们直面地震的勇气，从而促使了现代地震科学的诞生。它对今天和未来的人们来说像一座里程碑一样值得铭记，因为正是那场地震把地震学研究从宗教的束缚中解放了出来。究竟当时发生了什么，且听下回分解。

第二十六回

冰雪融湍流汇大海，
地壳升动荡震山岳

　　且说里斯本是老牌殖民帝国葡萄牙的首都，位于大西洋沿岸的塔古斯河口，是当时欧洲的第三大港，仅次于伦敦和阿姆斯特丹。1755年11月1日，正是万圣节——天主教的一个重要节日，很多市民一大早就去教堂做弥撒。里斯本有众多教堂、修道院和其他宗教场所，在这样的日子里，这种地方早已挤满了人。

　　9点40分，地震发生了。有人看到房顶像麦浪一样起伏不定，砖石、瓦片、门框、横梁纷纷坠落，许多人被砸死和压死，地上到处是被砸坏的车辆，以及受伤和死去的行人和马匹。有的人伤胳膊断腿，有的人被大石头压着，有的人被埋进了废墟里。

　　在著名的文森特大教堂里，人们乱作一团。地震使教堂摇晃起来，教堂顶部的大钟被震得乱响，接着神坛上的蜡烛滚到地上，神像被甩了出来。人们有的跪下祈祷，有的向外奔跑，有的惊慌喊叫。这样的混乱

136

持续了几分钟后，又一次晃动接踵而至，教堂大门的支柱和旁边的墙体倒塌了，很多人被埋在了废墟下。据说地震持续了 3 分半到 6 分钟，里斯本市中心的道路上出现了 5 米宽的裂缝。

幸免于难的人们拼命寻找安全的地方，纷纷逃到靠近海边的空阔地带。只见海水已退去，水位很低，海床上甚至能看到沉没的船只和货物。人们站在岸上，望着远处混乱的惨状、倒塌的房屋，惊恐万状。就在这惊魂未定之时，远处海面上涌来一道水墙，海啸来了！这正是：

> 大海掀起波浪墙，汹涌澎湃人胆寒。
> 适才房塌地又陷，缘何恶浪又作难？

人们大声喊叫，又一次四散奔跑。许多人尚未缓过神来便被卷进了波涛中。这场海啸席卷了里斯本，冲毁了船舶、码头、房屋和宫殿，冲毁了整个市中心（图 26.1）。

137

◎　图26.1　海啸紧随地震袭击了里斯本

幸存下来的人们只得继续奔跑，他们以最快的速度逃往地势较高的地方，然而意想不到的是，一场大火正在那里等待着他们。这场火由点燃的蜡烛引起。在这座城市里，为了庆祝万圣节，教堂乃至普通家庭里都点起了蜡烛。地震发生后，这些火源便被埋在了废墟下，它们慢慢地燃烧，最终发展成一场大火。浓烟和火焰在里斯本上空久久不散，无数人被烧死，两万多座房屋付之一炬。

这场地震的震源在里斯本西南200千米处的大西洋海底，强度为里氏8至9级，死亡人数为5万至10万。这是人类历史上破坏性最大和死伤人数最多的地震之一。地震引发的海啸和火灾几乎将里斯本摧毁殆尽。里斯本85%的建筑被毁，包括著名的宫殿和图书馆。皇家里贝拉宫位于塔古斯河畔，那里的皇家图书馆收藏着7万卷书籍画作，包括欧洲文艺复兴时期的代表画家提香、鲁本斯和柯勒乔的画作以及另外数百件艺术珍品，这些艺术珍品都在那场灾难中不知所终。一些皇家档案（如著名航海家瓦斯科·达·伽马和其他早期航海家的详细探险记录）也去向不明。6个月前刚刚开放的里斯本新歌剧院被夷为平地，几座主要教堂被严重损毁，当时最大的公立医院——皇家圣徒医院亦被付之一炬，其中的数百名患者被烧死。除里斯本外，邻近地区也未能幸免。地震大大削弱了葡萄牙的国力，这个老牌殖民帝国从此一蹶不振。

然而这次地震也是人类历史上的一次重要转折，因为正是这场惨绝人寰的灾难引发了人们沉重的反思，一场涉及宗教、哲学和科学领域的大思辨由此发生。那个时代的欧洲人深信上帝，地震又发生在一个重要的宗教节日里，所以神父们试图说明地震是上帝对里斯本人种种劣迹的惩罚，他们列举了一些迹象以证明地震是神的震怒。然而有识之士则针锋相对，他们在震后启发人们挣脱神权的束缚，引导人们思考地震发生的真相。他们开始从科学的角度寻找地震发生的真正原因。

地震发生后，当时的葡萄牙首相庞巴尔侯爵下令向全国所有教区发出有关地震及其影响的质询。质询的内容包括地震发生和持续的时间、地震时人们的感觉、房屋倒塌的方向、海啸和火灾的情形等。这些质询内容一直保留到今天，为今天的科学家研究那次地震留下了宝贵的资料。

正因为有了这样的一次质询活动，里斯本地震才成为欧洲历史上第一次有科学记录的地震，庞巴尔侯爵也成了尝试科学描述地震过程以寻求地震起因的第一人，他被人们推崇为现代地震学的先驱。

地震发生后，伏尔泰、卢梭和康德（图26.2）等欧洲启蒙思想家都站出来用他们的文字阐述自己的立场。伏尔泰质疑天谴之说，卢梭呼吁回归自然，康德则试图阐明地震发生的原因。康德从年轻时就对地震现象非常

◎　图26.2　德国哲学家伊曼努尔·康德

关注，他解释地震发生的理论涉及地下气体和洞穴的移动，这虽然并不正确，却是最早用自然因素解释地震成因的尝试。

里斯本地震也启发了被誉为"现代地震学之父"的英国工程师约翰·米歇尔，他试图用牛顿力学来解释地震的运动。他意识到地震是地下岩体移动导致的波动，并把这种波动分为两类，即迅速的震颤和接踵而至的波动。这种描述很像后来人们定义的P波和S波，与地震发生的实际情况已经相当接近了。

里斯本地震直接把人们的关注点引向了正确的方向，那就是脚下的岩层。即使到了两百多年后的今天，地震学长足的进步也依然与那次地震后的深刻思辨分不开。有诗为证：

> 地震缘由归自然，无须神灵做文章。
> 应对灾难用科学，思辨成果要记详。

不过在今天，科学家们遇到的情况可能更加复杂，那就是气候变暖对地下岩石圈的影响。这是因为地球的大气圈和岩石圈并不是各行其是、

互不干扰，而是相互联系、相互影响。随着气候变暖愈演愈烈，未来会有更加频繁的地质灾害发生，其中不仅仅有地震，还包括海啸、滑坡和火山喷发。

原来，水是一个至关重要的因素。上回讲到，自1750年工业革命至今不到300年的时间里，大气中二氧化碳的含量攀升了40%，全球平均地表温度也上升了1摄氏度。于是，一个系统走向紊乱的旅程就此开启，全球平均气温开始持续上升，而它造成的改变不仅发生在地面上，也使地下的岩石圈蠢蠢欲动。

从某种意义上说，水是一位魔法师，它的状态影响着地壳的运动。例如，自1850年以来，由于气候转暖，冰川萎缩，阿尔卑斯山一直在升高，但上升的速度并不是很快。然而最近几十年，由于气候变暖加剧，阿尔卑斯山升高的速度明显变快了。

阿尔卑斯山升高速度最快的地方位于法国靠近勃朗峰（图26.3）的区域，那里的地表平均每年升高近1毫米，每过50年，那里就会长高大约4.6厘米。为什么会这样呢？原来气候变暖给阿尔卑斯山减了负。我们可以把地层想象成可流动的糖浆，只是黏度比后者高出了很多倍而已。假若在这种流动的黏性物质上放上沉重的物体，它的表面就会下沉，直

◎ 图26.3 勃朗峰

到物体的重力和浮力达到平衡为止；而当你拿开了沉重的物体时，下沉的地方就会反弹上升。

现在，阿尔卑斯山的冰川覆盖面积只有过去的 50%。假若夏季气温上升 3 摄氏度，到 2100 年，阿尔卑斯山 80% 的冰川就会消失；假若上升 5 摄氏度，全部的冰川都会消失。

过去，厚重的冰川迫使地壳下沉或者放缓上升的速度；而现在，由于气温上升导致沉重的冰川融化，地壳便开始反弹，没有冰川覆盖的山体会更快地升高。这就是阿尔卑斯山升高速度变快的原因。

这样的现象意味着气候变暖有可能引发地质灾害。

在美国阿拉斯加南部，一个巨大的冰川位于一个主要断层带之上。过去，这个冰川一直对断层起着稳固作用；然而现在，它的厚度减小了几百米，导致下面的地壳以更快的速度上升，阿拉斯加的小地震也多了起来。

同样是在阿拉斯加，那里的巴甫洛夫火山在冬天会喷发得更频繁一些。这是为什么呢？原来，每年冬天那里的海平面会上升大约 30 厘米，这是当地冬季的暴风雪造成的。暴风雪导致海水增多，增多的海水压迫阿拉斯加半岛海床的两端，并将一些火山岩浆向上挤压。

冰川的融化导致海平面上升，这种趋势难以遏止。在整个 20 世纪，全球海平面平均上升了 14 厘米，但到 21 世纪末期，全球海平面会上升 1 米。这样一来，海底和沿海的断层带都要承受更大的重量了，那时海床会受到更严重的挤压，从而产生一种所谓的跷跷板效应，而这种效应容易在断层上引发地震。

在格陵兰岛和南极大陆，地震活跃区一直很平静，其中的缘由正是冰盖的压制（图 26.4）。一旦冰盖消融，这种压制被解除，剧烈的地质活动就会发生得更加频繁了。

尽管只有很少的人居住在那里，但发生在那里的地震能引发海底滑坡，滑坡又引发海啸，海啸会沿海面扩散，冲击人口稠密的地区。

海底滑坡可能发生在全球沿海岸线的许多地方，例如 1998 年发生于巴布亚新几内亚的海啸就缘于一次地震引发的海底滑坡，它杀死了

◎ 图26.4　被冰雪覆盖的南极大陆

2000人。从理论上说，海平面上升会给沿海地区带来更多的地震，而地震又会增加发生海底滑坡的概率，从而引发海啸。这正是：

> 大气岩石两个圈，相互之间有影响。
>
> 为保安全先警觉，未雨绸缪把灾防。

第二十七回

泥沙汇聚千里沃野，
海水淹没万顷良田

前回讲到气候变暖导致冰川融化，它带来的直接后果就是海平面上升。但海平面上升并非仅仅缘于海洋水量的增加，它还有一个重要的原因，那就是受热膨胀。当海水的温度升高时，水分子会向外扩张，这意味着温暖的水会占用更大的空间。虽然每个水分子只扩张了一点点，但考虑到整个海洋，这就足以使全球海平面上升了。

在辽阔的海洋上，海平面上升的情况远比我们想象的复杂。在整个20世纪，全球海平面平均上升了14厘米，但并不是所有地方的海平面都只上升这么多，有些沿海地区海平面上升的幅度会高于其他地区。例如，地球的自转就足以使海平面发生波动，它使一些地方的水体隆起，另一些地方的水体下沉。又比如，巨大的冰川会对附近的水域产生引力，导致冰川附近的水堆积起来，使其高于正常情况下的水位。

其实，对于海平面上升，人类并非头次遇到，早期人类的很大一部分就栖息在靠近海边的肥沃土地上，那时地球的海平面比现在低得多。但到了大约 11500 年前，离我们最近的一次冰期结束了，地球变得温暖起来，冰原融化，海平面上升，大片地区被淹没了，靠近海边的人类家园变成了泽国，首当其冲的是一些三角洲上的人类居住区。

　　三角洲是大河的馈赠。当一条大河奔向大海时，它就在进行着一种只有时间才能够证明的伟大创造：河水把泥沙带向下游，然后在大河的入海口把它们沉积下来。那些沉积物当然也会被波浪和潮汐冲走，但假若沉积物沉积的速度快于它们被冲走的速度，就会形成一片陆地，这是一件悄然发生的了不起的事情。那是一片沃土，面朝大海，背依大陆，土地平旷，水网纵横，既便于舟楫，又适于耕作，这就是三角洲。

　　三角洲通常会变成富庶之地、鱼米之乡，这就是一些大都会都形成于三角洲之上的缘故。上海、曼谷、鹿特丹、开罗、布宜诺斯艾利斯、新奥尔良……现在全世界共有约 5 亿人生活在三角洲地区。有些三角洲非常大，例如恒河三角洲的面积相当于 3 个荷兰，1.5 亿人生活在那里。

　　三角洲那平坦的土地给人的感觉是稳定的，然而不幸的是，稳定是一个错觉。当时光的列车驶入新千年充满希望的大门时，三角洲却向全世界展示了它令人恐惧的一面。2005 年，卡特林娜飓风（图 27.1）袭击了美国路易斯安那州的密西西比河三角洲，导致 1800 人遇难，经济损失达 1000 亿美元。3 年以后，热带风暴纳尔吉斯袭击缅甸，强大的风暴潮深入内陆 50 千米，直接冲击了伊洛瓦底江三角洲（图 27.2），造成近 14 万人遇难。又过了 3 年，位于湄南河三角洲上的泰国首都曼谷处于一

◎　图27.1　卡特林娜飓风

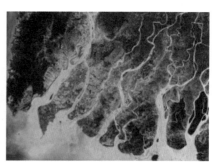

◎　图27.2　伊洛瓦底江三角洲

片滞水之中。在新千年头一个 10 年里，全球 85% 的主要河流的三角洲都遭遇了严重的涝灾。为什么会这样呢？

答案很明确，那就是地面沉降。全世界绝大多数的三角洲都在下沉，且下沉的速度越来越快。这是因为形成三角洲的沉积物很松散，当它们随着时间的流逝被压紧后，沉积层的表面就变低了，所以一块三角洲要保持高度不变就必须拥有持续不断的沉积物供应，这在自然状态下并不会成为问题。在自然状态下，低洼的地方总是会被流水淹没，沉积物被水带到那些地方，低地便抬升了起来。

在人类工业社会出现以前，绝大多数的人类活动都起了帮助三角洲形成的作用。农耕、采矿和伐木加剧了土壤流失，河流携裹着大量泥沙奔腾入海，这些泥沙的很大一部分成了形成三角洲的沉积物。

随着时间的推移，堤坝、水泵和水闸的时代来临了，人们开始利用现代水利技术控制流水的运动。运河将流水固定在一个地方，几十年也不变动，细小的支流便因此消失了。为了生活的稳定和便利，人工的控制系统不允许自然状态下的流水"统治"三角洲，于是沉积物伴随流水补充三角洲的活动就消失了。

现在，人类的水坝系统在有些地方已经存在了很长时间，所以有些三角洲已经处在海平面之下了。例如意大利的波河三角洲，那里从 17 世纪起就有了完善的水利设施，河水被控制在位置长期不变的河道里，现在人们必须持续不断地抽水才能使地表不被淹没。

沉积物不能到达大海还有另外一个原因，那就是河水干涸。有些河流在一年的大部分时间里都是干涸的，这种情况现在尤为严重。在美国，西南地区的水利灌溉需要消耗大量水资源，致使科罗拉多河在进入大海之前便干涸了。那里巨大的三角洲曾经拥有一个碧绿的环礁湖，但后来变成了贫瘠的荒地，以致随时都有被海水淹没的危险。

为了让沉积物进入大海，人们也想了很多办法。例如减少对河水的索取、拆除大坝或者重新设计合理的大坝。在水闸方面，人们设计了允许沉积物通过的闸门。一些科学家还和农民联手培育具有防涝能力的农作物。这样一来，人们在三角洲上就可以发展一种不怕水淹的农业，农作物可以在洪泛到来时照常生长，而沉积物也可自由地被河水带到三角洲上来。在西班牙，地质学家们在埃布罗河三角洲上直接给被水淹没的田野添加河流沉积物，他们尝试用这种方法保卫三角洲。

假若一个三角洲上房屋林立，道路纵横，那情况就复杂了。上海、广州、曼谷和雅加达都是繁华的地方，上述的很多方法都是行不通的。

在城市中，地面沉降往往非常严重，这是因为人们通常要抽取大量存在于城市地下的物质，假若那些物质（例如石油和地下水）被长期抽取且数量很大，那么它们上面的地表就会下沉。从 20 世纪 50 年代到 80 年代，由于曼谷地下水抽取过多，这个城市的一些建筑出现沉降和破裂，公路变形，海水进入地下含水层使一些地方无水饮用。

只要地表稍许有些沉降，出现洪涝灾害的风险就会大幅上升，淡水会变成咸水，沼泽遭到破坏，低地被海水吞没……

可以想象，当三角洲下沉和海平面上升一起发生的时候，情况会严重到怎样的程度。现在观察到全球海平面上升的速度是每年 3 毫米。由于冰川融化，加上气候变暖导致海水受热膨胀，2100 年全球海平面将上升 1 米。这样一来，人们便不得不面对海平面上升和陆地沉降的双重难题了。

两千年前，埃及古城赫拉克莱翁消失了。它原本矗立在一个三角洲上，但那里的沙土出现沉降，赫拉克莱翁沉没在了地中海里。现在，同样的事情又要发生了。

渐渐地，一些陆地被海水侵蚀（图 27.3）。有些地方尽管离海边很远，但那里的房屋和道路还是消失了，电线杆从水中冒出来，寺院孤零零地被积水环绕着，海水甚至能拍打到房屋低处的窗户。在那些地方，人们不断搬迁，海水不断吞噬他们的家园……这正是：

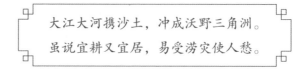

大江大河携沙土，冲成沃野三角洲。
虽说宜耕又宜居，易受涝灾使人愁。

◎ 图27.3 一些陆地被海水侵蚀

第二十八回

限排放淘汰旧燃料，洁环境发展新能源

诗曰：

> 地球生命亿万年，多少苦难与艰险。
>
> 酷热极寒接踵至，山崩地陷不得闲。
>
> 地层记录生命史，毁灭更生紧相连。
>
> 人类生存有智慧，文明脚步永向前。

传说在公元前 4 世纪，古希腊殖民者狄奥尼修斯统治着西西里最富庶的城市——叙拉古。狄奥尼修斯有一个名叫达摩克利斯的朋友，他非常喜欢奉承狄奥尼修斯。他对国王说："你多幸运啊，拥有人们想要的一切，你是世界上最幸福的人。"

然而狄奥尼修斯并没有达摩克利斯想象的那么幸福，他的地位很不牢靠，时刻感到自己的统治岌岌可危。作为身处事外的朋友，达摩克利斯一点也体会不到这样的感受。

有一天，狄奥尼修斯对达摩克利斯说："你真以为我比别人幸福吗？那么我们换换位置如何？"于是达摩克利斯戴上王冠，换上王袍，像国王一样大宴群臣。然而当他举起酒杯时，突然发现在自己座位上方的天花板上有一把沉甸甸的利剑正悬于头顶，剑柄只用一根马鬃系着，眼看着就要掉下来。达摩克利斯吓得面色如土，笑容顷刻消失了。这时狄奥尼修斯走过来说："我的朋友，这把利剑就是危险的象征，它一直悬在我的头上，说不定什么时候就会掉下来。"

达摩克利斯终于体会到了国王的处境，他对狄奥尼修斯说："我明白了，看来你也有很多愁苦。请回到你的宝座上去吧。"

《达摩克利斯之剑》是一个非常有名的故事（图28.1），它告诫人们表象之下的幸福和安宁一点也不足羡慕，危险时时刻刻都有可能降临。

◎ 图28.1 油画《达摩克利斯之剑》，英国画家理查德·韦斯托尔作于1812年

如果用这个故事来说明地球生命的处境，那也是一点也不过分的。在地球几十亿年的历史长河中，没有哪一个物种不是生活在达摩克利斯之剑的威胁之下的，因为来自天上和地下的种种变故时时刻刻都有可能发生，而生命一旦不能适应变故就会走向灭绝。三叶虫、恐龙、剑齿虎都是这样灭绝的，下一次是否轮到人类呢？这正是：

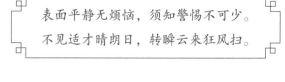

表面平静无烦恼，须知警惕不可少。
不见适才晴朗日，转瞬云来狂风扫。

　　然而人类有一点不同，他们能够意识到危险的存在，所以能在危险来临之前做出反应。

　　全球变暖、冰川融化、海平面上升、气候异常，这些都是危险的信号。人类意识到了危险将临，他们终于做出了反应，但他们能够逃离达摩克利斯之剑吗？

　　人类最直接、最有效的反应是减少碳排放，寻找能替代化石燃料的新型能源。

　　于是，在空旷的陆地和海洋上，一些利用太阳能和风能的发电设施陆陆续续地建立起来了。为了获取自然的能源，人们想到的办法可谓五花八门。例如，人们将太阳能电池安装在屋顶上、荒漠里甚至太空中。同样，海洋也成了人类的能源宝库，人们发明了一种海洋波浪能量转换设备。由于波浪的力量，这种设备在水中上下翻腾，其中的节头随波浪一起运动并将波浪的动能传递给水力夯锤，从而驱动其上的水轮发电机产生电流。在水下，人们也安装了不少水下波浪发电机，它们是一些固定于海底的圆筒形浮标。这种装置像一个活塞，能上下运动。当一个波峰经过时，水压增大，活塞便压缩汽缸；而当波峰过后，汽缸膨胀，活塞又恢复常态重新升起。这样的运动推动汽缸内的装置产生电流。另外，海洋中还蕴含着大量的潮汐能。和波浪、风力比起来，潮汐的涨落更为可靠，所以人类发明了各种各样的潮汐发电机。它们有固定的平台，被安装在海湾和海岸边，是很理想的发电装置。

　　在陆地上，大型太阳能电池阵列和风力发电机群如雨后春笋般地出现在了原野和山冈上（图28.2），它们像森林一样一眼望不到头。为了节省土地，也为了更好地利用太阳能，人们希望把太阳能电站建在太空中。

　　建设太空电站的设想发端于20世纪70年代。人们设想将各种设备分批发射到离地面36000千米的地球静止轨道上，然后在太空中铺设巨

◎ 图28.2 太阳能电池和风
力发电机阵列

大的太阳能电池板以生产电流。这样一来，云层和大气尘埃对太阳能电池的工作就不会造成影响了。虽然建设太空电站遇到了很多难题，实现起来相当困难，但在未来这些难题将被一一破解。

　　与此同时，人们设想将一些风力发电机升到天上，这是因为风力发电机不仅占用土地，还需要强劲和稳定的风力资源，而天空则能完全满足风力发电机对于风的需求。在地球上空存在着稳定而又强劲的风带，它们处于高速气流中。这种气流在大部分地区是从西向东流动的，主要分布在南北半球的中纬度地区，它们成了未来潜在的风力资源。

　　为了适应不同的需要，被放飞到天上的风力发电机也将是多种多样的，它们有的工作于低空，有的工作于高空；悬空的方式也是五花八门，有的依靠风帆或者充了氦气的飞艇，有的依靠直升机似的空中平台，有的依靠特殊的飞行器，它们可以悬停在一个地方，也可以沿一个圆圈或者8字形的线路飞行。

　　那时的海洋也将被风力发电机占据（图28.3）。开始时，人们只是将风力发电机建在海岸附近，辽阔的海面会吹来强劲的海风，但渐渐地，风力发电机离海岸越来越远了。它们向远海的方向不断延伸，乃至于你站在海边根本看不到它们。

　　科学家们早已用卫星研究了海面上的风力资源，对海面上气流的流动和分布有了全面的认识。远海的气流运动很有规律，风力资源更加

◎　图28.3　海上风力发电机

丰富。

　　远海的风力发电机高高矗立在浮台上，未来海上的很多区域都可能分布着这种风力发电机。到了那时，远航中的轮船可不必寻找港口，而是依靠这些风力发电机补充能源。各种远洋工程船和考察船也可从海上风力发电机那里获得电能。未来的海上风力发电机将为海洋交通和海洋开发提供强有力的能源保障。这正是：

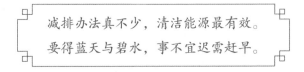

减排办法真不少，清洁能源最有效。
要得蓝天与碧水，事不宜迟需赶早。

　　尽管这一切都看起来卓有成效，但人类摆脱化石能源的努力还是显得力不从心，这是因为，随着社会的飞速发展，人类对能源的需求量越来越大。和化石能源相比，太阳能、波浪能和风能满足不了这样的需求。于是，人们不得不将期待的目光投向核能。

　　首先，人们将发展一种利用"快堆技术"的核能来发电。快堆又叫快中子增殖反应堆，利用这种技术，地球上的铀都能变成潜在的燃料，大量铀 -238 被重新利用，环境污染问题也将得到相当程度的解决。其次，人们将发展一种名为"粒子加速器"的技术。有了这种技术，核能发电产生的核废料更少，还可以实现粒子加速器与核反应堆的联合运行。这时的粒子加速器好比核反应堆的开关，一旦需要，关上粒子加速器，中子供应就中断，反应堆的运行就可以停止下来，所以安全系数非常高。接下来，人类将走进"钍时代"。钍是一种既清洁又安全的可转换核素，储量比铀丰富得多，它在发电过程中只产生极少的辐射物质。在未来，利用钍资源发展核能将成为很多国家能源发展的国策。

　　但这一切都不是核能发展的最高目标，有没有更高效、安全、清洁的核能利用方式呢？有，而且它的"模型"就在我们的头顶之上，那就是光芒万丈的太阳。太阳的能量来源于与核裂变正好相反的过程，它将较轻的原子核转变成较重的原子核，从而释放巨大的能量，这就是核聚变。人类非常羡慕太阳，所以一直在寻找造出地面"小太阳"的方法，也就是在地面上实现受控核聚变（图28.4）。一旦实现了这个目标，人类将获得充足而又清洁的能源，能源短缺的问题就能得到根本性解决了。有诗为证：

◎　图28.4　一种构想中的核聚变反应堆

核能发展不可少，清洁为首要记牢。
实现受控核聚变，梦想成真又环保。

第二十九回

骄阳烈热浪袭城市，
浊浪涌大水毁堤防

上回说到气候变暖和它导致的一系列异常变化使人们感受到了危险的逼近，于是人类发展了很多替代化石燃料的新能源技术。其实，不仅是能源，其他方面面临的形势同样越来越紧迫，人们不得不紧锣密鼓地做各种各样的努力。为了应对农作物减产，科学家们研究出了更加耐热的品种；为了应对昆虫传播的疾病蔓延，人们升级了健康监测和反应系统；一些家庭和公司开始向远离海岸的地方迁移，因为海平面的上升已经使那些靠近海边的地方不宜居住了。一些沿海的城镇开始内迁，人们还计划更大规模的疏散和撤离。这样的措施虽然不能保住建筑物，却能挽救很多生命。

在塞内加尔的圣路易斯，人们不得不向大海让步。这座海滨城市位于非洲西海岸，靠近塞内加尔河的入海口，有着悠久的历史，被誉为"非洲威尼斯"。然而海平面的上升侵蚀了圣路易斯，咸水进入内陆，塞内加尔河的含盐量升高，水源、庄稼和树木受到威胁，河里的鱼也不得不游到更远的上游去寻找淡水。圣路易斯附近的小渔村消失了。人们迁离故土，纷纷离开他们长期生活和劳作的地方。

美国阿拉斯加的纽托克镇靠近白令海。由于气候变暖，那里的居民面临永久冻土融化的威胁。永久冻土层解冻下沉，河水迅速漫过河岸，侵蚀土地，淹没村庄，人们不能继续住在纽托克了，他们在另外一个地方建造了新村庄。离开原来的家园令他们十分难过。

在美国东海岸的一些地区，海平面上升得更快，一些房屋下面的沙土遭到侵蚀，导致房屋倒塌或者不得不被拆除。为了与大海争地，人们动用机械设备将海底的沙子搬到海滩上。这种办法虽然可以缓解侵蚀的过程，但非常费钱，事实上也无法最终阻止这样的侵蚀。

这样浩大的工程还出现在马尔代夫。这个位于印度洋上的岛国，其大部分陆地海拔不到 1 米，因此，马尔代夫很容易遭受洪水的侵害。人们预测，海水上涨会使这个岛国在不到 100 年的时间里失去 80% 的土地，局势非常危急。

为了不让这个岛国消失在大洋的波涛中，马尔代夫在首都马累东北约 1.3 千米的地方修筑了一座人工岛，名为胡鲁马累。当马尔代夫被海水淹没时，胡鲁马累将成为这个岛国的新首都。

在美国纽约州长岛西南部，大西洋边有一个浅水湾，面积约为 50 平方千米，名为牙买加湾。这片水域与纽约布鲁克林相邻，大约有 40 万人生活在它周围的洪泛区。现在，气候变暖给这个地区带来日益频繁的大风暴。为了防止海水侵蚀人口密集区，人们计划投巨资在牙买加湾通往大西洋的瓶颈处建造一扇巨大的海门。在涨潮和发生暴风雨期间，这个海门可以阻挡海水涌入陆地。与此同时，其他相关的工作也在紧锣密鼓地开展着。例如，有些地方堆起了沙袋，有些建筑物被抬高。

然而，所有这些方法、这些努力都无法和大自然的力量相抗衡，它们只能在一段时间里缓解危机，于是一些更宏大、更冒险的计划应运而生了。例如，人们设想在巨大的冰架周围建造庞大的结构，这种人工结构能起到支撑冰架的作用。这种结构还可以保护冰盖，当较暖的海水从

155

下面融化冰盖时，这种结构能减缓冰盖的融化和崩塌。

到了 20 世纪末，随着气候变暖日益严重，科学家们经常讨论建造庞大的工程，公众也习以为常，他们开始认可建造这种工程的可行性和必要性，再也不把这样的计划当成痴人说梦了。有诗为证：

> 气候变化脚步急，大水热浪轮番袭。
> 全球应对方法多，共济危局人心齐。

水资源短缺将成为非常严重的问题，干旱像瘟疫一样在全球蔓延，因为储存淡水的冰川正在消失，而融化的冰水又多半没有流到真正需要水的干旱地区。同时，气温升高又加剧着干旱的程度。于是，一些城市严重缺水，另一些城市则饱受洪灾的侵扰。人们纷纷迁离故土，历史上抛弃家园的悲剧又要重演。

在未来，人们将花很大的精力打造"凉爽的城市"，因为天气会越来越热。到 21 世纪末期，中欧地区夏季的平均气温将比现在高很多，一些地区（如法国西南部和伊比利亚半岛）的平均气温将升高 6 摄氏度，欧洲的夏天有一半时间比 2003 年的热浪天气更加干燥炎热。相似的情况在全世界的很多城市都会出现。

要打造"凉爽的城市"，使用空调不是解决问题的办法。空调将热空气排到城市的大街小巷里，这反而加重了城市的热岛效应。因此，人们另辟蹊径，例如使用能反射热量的建筑材料建造城市的路面和屋顶。这样一来，大量的热量便能被这种路面和屋顶反射出去，城市对热量的吸收就会减少。但这样做也并非上策，因为广泛采用热反射材料实际上会加剧全球气温的升高，而不是降低。

也许增加城市公共绿地的面积可以发挥更好的效果。公共绿地通过蒸发冷却作用缓解城市的热岛效应，树荫更是可以直接将气温降低 7 摄氏度（图 29.1）。然而，未来的城市会更加拥挤，可以增加的公共绿地空间少之又少，所以这种办法能发挥的作用也是有限的。

最后，人们只有建造昂贵的、非常智能的"生态城市"，城中的温度、湿度、日照以及二氧化碳和氧气的含量等各项指标都由中央计算机统一调控，城市的布局设计得有利于在建筑物之间产生足够的风，从而使居民感觉凉爽。

◎　图29.1　公共绿地通过蒸发冷却作用缓解城市的热岛效应

那时建筑物也会变得智能起来，一些建筑物的墙面将由可变色的热敏材料构成，它们通过改变颜色来调节墙面的温度。有些墙面还能通过"出汗"释放一些水分，从而将热量散发到空气中。一些巨大的活动幕帘将出现在巨型建筑物的旁边，它们会跟着太阳照射的方向移动，从而为建筑物"遮阴"。

即使这样，人类已经排放到大气中的二氧化碳等温室气体也不会减少，气温依然会继续上升。即使所有人都不使用化石燃料了，气候变暖的趋势也只会放慢脚步而已，人们还得学习如何适应日益显著的气候变化。这正是：

> 气候变化已难耐，城市热浪更不堪。
> 如何借来无穷力，助得地球得清凉。

与此同时，冰川融化的速度也越来越快了。如此一来，人们便渐渐地感到海水的威力越来越大，越来越多位于海边的人类栖息地将被淹没。到 2045 年左右，有些地方过去 500 年才一遇的大洪水每 5 年左右就要发生一次了（图29.2）。

到 21 世纪下半叶，一些早期的拯救社区的工程将渐渐失去效力，大

◎ 图29.2 人们感到洪水越来越频繁了

自然的力量最终将摧毁人类设置的屏障。例如，当海平面上升 0.8 米时，牙买加湾的人类栖息地就将再也难以支撑下去了，人们不得不选择迁离。这种情况虽然令人感到遗憾，却容易理解，因为人类建筑物的效用总有个限度，一旦大自然的力量超过了这个限度，事态就会以某种方式发生永久性的改变。

这样，当时光的列车向着世纪末奔去的时候，严峻的局势已经近在眼前了。

各位看官，当事态发展到了这个地步的时候，人们还会拿出什么办法来挽救危局呢？欲知后事如何，且听下回分解。

第三十回

为降温神鹰作浓烟，
欲遮阳大船洗彩云

且说地球的局势日益恶化，似乎已经不可收拾了，其实这样的情况并非完全出人意料。早在 2004 年，德国的一位名叫维克多·斯梅塔茨克的科学家就带领他的研究团队开始往南极附近的海水里投放一些铁屑。他们投放铁屑的海域达 65 平方千米，和纽约曼哈顿的面积差不多。接下来这些科学家又选择海洋中的大漩涡投放铁屑。漩涡像一个大水柱，将铁屑放进这个水柱中，它们就不会散失。

这些科学家在干什么？他们为什么要这样做？

原来，他们在做一个处理二氧化碳的实验。前面说到，地球大气层中的二氧化碳含量已经达到了相当高的水平，导致地球气温持续升高（图 30.1）。要遏制这种势头，就需要将二氧化碳从大气层中清除掉，而在斯梅塔茨克等科学家看来，向海洋中投放铁屑就可以在一定程度上达到这个目的。

在海洋中，很多浮游生物需要消耗二氧化碳，它们死后会沉到海底，它们的身体连同储存在它们体内的碳也会一起被封存在海底；而铁正是浮游生物所需的营养物质，能促进浮游生物更快地繁殖。浮游生物繁殖得越多，它们消耗的二氧化碳就越多，在死后带走的二氧化碳也越多。

◎ 图30.1　大气中的高浓度的二氧化碳导致气温的持续升高

2012 年，这些科学家在《自然》杂志上发表文章说，他们确认添加的铁大大增加了漩涡中浮游生物的数量，这些浮游生物死去后下沉了至少 1000 米，也许会一直沉到海底。

斯梅塔茨克供职于德国阿尔弗雷德·魏格纳研究所，2004 年的那次实验是他和他的同事们进行的一项旨在拯救地球的科学实验。在全球的很多地方，从事类似研究的科学家越来越多，他们被称为"地球工程学家"。

现在，随着全球的情况越来越紧急，地球工程学家越来越忙碌了。实际上，他们早已提出了很多拯救地球的方案。例如，有人提出制造一种装置，专门用于回收发电厂排放的二氧化碳；有人建议研制一种人工树，让它的树叶吸收大气中的二氧化碳；有人计划在沙漠上覆盖聚酯薄膜，用这种薄膜反射更多的阳光，以减少太阳辐射；有人设想在地球轨道上释放大量"太阳伞"，用这种"太阳伞"阻止更多的阳光进入大气层，从而减缓全球变暖的速度。凡此种种，不一而足。这正是：

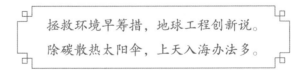

拯救环境早筹措，地球工程创新说。
除碳散热太阳伞，上天入海办法多。

　　然而每种办法都存在很多具体的问题，在可行性和效果上很难令人满意。

　　斯梅塔茨克的办法当然也建立在科学原理之上，然而辽阔的海洋不同于一个漩涡，它是一个更加复杂的系统。用人工方法释放铁究竟能在多大程度上清除二氧化碳，对海洋又会造成怎样的影响？人们众说纷纭。

　　于是，另外一些地球工程学家将视线投向了天上的云彩。云彩在地球气候的演化中扮演着重要角色，科学家们经常使用计算机模拟云彩的作用，然而云彩的变化太复杂了，人们模拟的结果经常很不确定。

　　云彩起着过滤阳光的作用，这是毫无疑问的（图30.2）。在过滤阳光的过程中，云彩会为地球降温。有人设想，假若能在合适的地方人为地制造一些能长时间存在的云彩，那么云彩的降温作用就能发挥得更加彻底了。

◎　图30.2　云彩起着过滤阳光的作用

　　一朵云彩究竟能过滤多少阳光？可以用云彩的反射率来衡量。有些云彩较密较厚，所在的空间较低，它们反射的阳光就较多，这意味着这种云彩的反射率高；相反，另一些云彩更薄，所在的空间更高，它们让更多的阳光穿透它们抵达地面，因此反射率就低。

　　云彩的反射率还与另外一个因素有关，那就是"洁白程度"。也就是说，一朵云彩越洁白，它的反射率就越高，而这也正是地球工程学家可以大做文章的地方。有人设想，人类可以向大气中喷洒盐粒，在成核现象的作用下，盐粒会促使云彩中产生更多的小水滴，使得单位空间中的水滴数比平常更多，于是云彩就变得比平常更密更白，它们所反射的阳光自然就更多了。这正是：

> 云彩朵朵蓝天飘，形态各异不同高。
> 科学神奇力量大，驾驭白云发奇招。

然而，假若向大气中喷洒盐粒，就需要在海洋上使用众多船只进行大规模作业，成本极高，但效果怎样很难说。于是有人认为，与其为云彩"增白"还不如直接用飞行器向大气层施放微小的硫化物颗粒。这样的事大自然经常做，而且效果显著，那就是火山喷发。

每次火山喷发，大自然都将大量的硫化物颗粒喷射到大气层上层（图30.3）。那些硫化物颗粒又被称为气溶胶，它们反射阳光，从而为地球降温。1783年，冰岛的拉基火山喷发，冰岛的气温下降了7摄氏度，北美的气温下降了5摄氏度。1883年，

◎ 图30.3　火山喷发将大量硫化物颗粒喷射到大气层上层

坐落于印度尼西亚西南部的喀拉喀托火山喷发，大量硫化物颗粒升到大气层上方，第二年全球气温下降了1摄氏度以上。1991年，菲律宾的皮纳图博火山喷发，在随后的两年里，全球气温下降了0.5摄氏度。

然而，气溶胶是污染物，没有人愿意真的把它们释放到大气层中去。尽管这样做能一时降低全球的气温，但接下来会发生什么是难以预料的。事实上，在很早以前，当这些方案提出来的时候，谁也没有打算要真的这么去做，大家只是在研究而已。一位地球工程学家说："我想我们很多人都相信，我们并不会真的那样做。我们期待人类会在某一天真正有所醒悟，他们应该意识到我们的地球确实遇到了大麻烦，然而令我非常惊讶的是，他们看上去无动于衷。"

然而现在，随着气温升高，海平面上升，全球的情况越来越紧急了。

气候异常，灾害频发，难民骤增，冲突升级……坏消息一个接一个地传来。

　　然而大自然并不会因为人类和其他地球生命正在遭受苦难而产生怜悯之情。当大水来袭的噩梦一步步临近的时候，其他各种灾变也在同时威胁着人类的生存，悬在人们头顶上的达摩克利斯之剑一刻也不让人放松警惕。这正是：

生命演进有风险，文明进程多考验。
艰难困苦接踵至，灾难变故紧相连。

　　究竟还有些什么事情发生，且听下回分解。

第三十一回

陨星至天盾保万民，
疫情险神剂护苍生

　　却说全球气温上升，大水将临，形势越来越紧迫了。尽管全世界的科学家想了很多办法应对危局，但效果一时难以说清，这是因为遏制气候灾难并不是那种很快就能看到成效的事情，况且人类的麻烦并非气候灾难这一个。事实上，人类一直在忙着应付各种各样的麻烦，其中的一个就是来自天外的"不速之客"。2004 年 6 月，美国基特峰国家天文台的几位小行星专家发现了一颗小行星，同年圣诞节前夜，另外几位小行星专家又在美国航空航天局近地天体项目办公室中计算出了这颗小行星的运行轨道。计算结果显示，这颗星撞击地球的概率是 1/62，撞击时间为 2029 年 4 月 13 日 21 时 21 分，地点为东半球。

　　这颗小行星围绕太阳运行的周期是 323 天，其轨道与地球轨道相交。这类小行星叫近地小行星。对地球而言，它们非常可怕，据说恐龙的灭绝就是缘于小行星撞击。科学家将这颗小行星命名为"阿波菲斯"。阿波菲斯是古埃及神话中的毁灭之魔，以蛇的形象现身，住在阴界，专门与太阳神作对，每天都试图在太阳神出现时吃掉它。

假若小行星阿波菲斯真的撞上了地球，撞击释放的能量会比威力最大的氢弹大 15 倍，相当于 1908 年通古斯爆炸的 60 倍（图 31.1）。这样的能量虽然不至于造成持续性的全球灾难，

◎　图31.1　小行星撞击的破坏力非常大

但它的破坏力比卡特林娜飓风、2004 年印度洋大海啸以及 1906 年美国旧金山大地震的破坏力的总和还要大。

通常情况下，当一颗小行星被发现时，人们会根据观测数据计算它的运行轨道。假若存在撞击地球的可能性，这颗小行星便会受到一段时间的跟踪观测，直到确定它将绕过我们的地球为止。

2029 年 4 月 13 日这一天会发生什么，小行星阿波菲斯真的会撞上地球吗？人们对此忧心忡忡。好在科学家又找到了一些照片，那些照片是在小行星阿波菲斯被发现前 3 个月拍摄的，它被天文学家无意间拍在了那些照片里。科学家分析了那些照片，他们得出结论说，阿波菲斯不会击中地球，它将于 2029 年 4 月 13 日这一天与地球擦肩而过。

与此同时，美国航空航天局喷气推进实验室的几位天文学家使用位于波多黎各阿雷西博的射电望远镜精确观测了小行星阿波菲斯的位置、与地球的距离和运行速度，观测结果也显示这颗小行星将于 2029 年 4 月 13 日在距地球表面仅 3 万千米的地方掠过，它不会撞击地球。

对于人类而言，2029 年 4 月 13 日这个星期五十分幸运，因为小行星阿波菲斯就这样从地球的旁边静静地划过去了，那时它和地球的距离只有 3 万千米，而一颗在地球同步轨道上运行的人造卫星离地球的距离

都比它远，有 3.6 万千米。那一天，在人们的眼中，这颗小行星的亮度等同于一颗三等星，在非洲、欧洲和亚洲，即使身处灯火明亮的城市，人们也能用肉眼直接看到它。这将是有史以来人类从未经历过的情景。这正是：

> 小小地球游宇宙，宛若沧海一扁舟。
> 四处茫茫多风险，迎着恶浪赴征途。

然而 2004 年 10 月，坏消息又从俄罗斯传来。俄罗斯天文学家维克多·肖尔宣布说，阿波菲斯也许不会在 2029 年撞击地球，但 7 年后卷土重来时，它将再一次威胁地球。这一次，幸运之神不会再度降临。2036 年，阿波菲斯将撞击地球。这是因为当这颗小行星于 2029 年在距地球表面 3 万千米的高空掠过时，其运行轨道在地球引力的作用下发生了改变。

然而以后的大量观测否定了这个预测。究竟小行星阿波菲斯会不会撞上地球，什么时候撞击地球？看来还要靠持续跟踪观测才能获得答案。其实，小行星阿波菲斯的运行难以精确预测。唯一可以肯定的是，在未来的岁月里，类似的情况一定会更加频繁。在未来的 10 万年里，足以对全球造成致命灾难的大撞击发生的可能性达 20%，遭遇小型撞击的可能性更大。

但来自天上的威胁并非只有小行星和彗星，给予我们温暖的太阳也是十分危险的，它时常掀起太阳风暴，引发极端的太空天气，将猛烈的粒子流带到地球（图 31.2）。

太阳风暴其实经常发生，

◎ 图31.2 一个太阳风暴，太阳和日球层观测台"SOHO"拍摄

但真正可怕的太阳风暴缘于一种少见的太阳耀斑，它可能比我们看到过的最大的太阳耀斑还要强大许多倍。这种太阳耀斑引发的太阳风暴会冲击人类的电网、卫星和通信系统，还会造成严重的气候异常。这种太阳耀斑何时出现？目前还不得而知。

太阳之外还有其他恒星，它们的能量释放也会冲击地球。超新星爆发是质量较大的恒星在结束生命时发生的大爆炸，它会释放巨大的能量，使自己陡然间变得极为明亮。许多科学家认为，4.4 亿年前的奥陶纪生物大灭绝就是由一颗超新星爆发产生的伽马暴造成的。人们估计，地球每 3 亿年才有可能遭遇一次足以将臭氧层彻底摧毁的伽马暴。这表明这样的事件十分罕见，以至于在接下来的 10 万年里发生的概率基本为零。

但躲过了伽马暴，并不表示危险已经过去了。大约 7 万年前，早期的人类经历了一次大规模的火山喷发（图 31.3），那次喷发导致人类经历了长达 1000 年的冰期，原始人类几乎走到了灭绝的边缘。现在人们预测，大约平均每隔 5 万年，这种类型的超级火山就会喷发一次，其喷出的火山灰多达 1000 立方千米，它会毫不留情地把地球拖入黑暗和寒冷中，并持续五六年时间。这种严重的喷发事件在未来 10 万年中发生的概率为 10% 至 20%。

167

◎　图31.3　早期人类社会经历过一次大规模的火山喷发

仅仅从历史的经验和人类的感觉上看，上述这种规模的来自天上和地球内部的大震荡，在有文字记载后的人类社会并没有切身遭遇过。这是因为人类社会的历史与大自然的历史相比太短暂了。

1918 年，第一次世界大战刚刚结束。这场历时 4 年的厮杀使 1000 多万人失去了生命，然而苦熬到战争结束的幸存者们还没有来得及喘上一口气便迎头撞上了可怕的大流感。2000 多万人因此丧生，人数竟然超过第一次世界大战中死亡人数的 2 倍，世界人口由此锐减了大约 6%。

比流感大流行更可怕的疾病要数 14 世纪的瘟疫了，通常人们称之为黑死病。从 1348 年到 1352 年，2500 万欧洲人因此而死去，占当时欧洲人口总数的 1/3。

1348 年，欧洲文艺复兴时期的著名作家乔万尼·薄伽丘住在意大利的佛罗伦萨，他目睹了那场浩劫，并描述了瘟疫感染者的症状。他写道："……肿块开始在人们的腹股沟和腋窝处出现，它们大小不一，有些大如苹果，有些形同鸡蛋。不久，肿块开始蔓延至全身，看上去像黑色或铅色的斑点。手臂、大腿等处尤为严重，大者相间杂陈，小者集结成束。出现这种症状的人都难逃一死。"

那场瘟疫使昔日繁华的佛罗伦萨变得萧瑟凄凉。为了记住人类经历的这场灾难，薄伽丘以那场瘟疫为背景写下了流传于世的《十日谈》。

1894 年，法国细菌学家亚历山大·耶尔森分离出了黑死病的棒状细菌——耶尔森氏菌（图 31.4）。这种微生物寄附在跳蚤身上，然后由老鼠带给人类。2001 年，剑桥大学桑格中心的科学家成功绘制出了耶尔森氏菌的完整基因组图。他们发现，耶尔森氏菌原本是一种无害的细菌，大约 1500 年前耶尔森氏

◎ 图31.4 耶尔森氏菌

菌因受其他细菌和病毒的影响而改变了自己的基因, 这使得它们可以进入老鼠和人类的血液中, 并且变得非常危险, 足以使人丧命。

不过在未来, 人类会有更多应对流行疾病的办法, 会及时推出各种疫苗和新型制剂。人类和病毒及细菌之间的博弈会一直进行下去。这正是:

> 瘟疫来袭愁煞人, 恶疾猖獗难容忍。
> 历史教训要切记, 众志成城战死神。

第三十二回

冰架裂雪崖入大海，
洋面升平野成泽国

　　且说在漫长的地质年代中曾经发生过多次严重的海洋酸化事件。例如，在大约2.5亿年前古生代终结时的二叠纪末期，由于剧烈的地质活动，火山喷发释放了大量二氧化碳，造成海水酸性大幅增强，给了当时的海洋生物致命的一击。这样的事件在恐龙灭绝之前也发生过一次，当时由于德干火山的喷发，海水酸化程度达到峰值，那时的海洋生物大量灭绝。

　　大约5600万年前，类似的事情又发生了。科学家们在5600万年前的一段地层样本中发现了异样，那里几乎没有化石。原来，在那段持续几千年的时间里，有孔虫的壳被酸化的海水溶解了，地层中只留下了泥土，这是灭绝事件留下的痕迹。当时，大气中的二氧化碳浓度很高，其水平是现在的两倍多。这种情况不仅把当时的地球拉回到了温暖的状态，还使海水严重酸化，很多有孔虫的壳都被海水溶解了。

　　那次事件大约持续了5000到10000年，这听起来很长久，但从地质年代的跨度看，那只是一眨眼的工夫。由于当时二氧化碳进入大气和海洋的速度并不是太快，绝大多数碳酸最后到了海洋的深处，所以那次酸化事件只给生活在海洋深处的生物以沉重的打击。

5600万年前，二氧化碳含量的飙升是在几千年的时间里形成的，然而今天由人类造成的二氧化碳含量飙升只用了二三百年。由于海水会迅速地吸收温室气体，海洋酸化就没有时间转移到海洋的深处了，所以这一次即使在接近海洋表层的地方，有孔虫也难以幸免，而这又将给整个海洋食物链带来打击。接下来，又一个灭绝事件在所难免。

一些科学家由此推测，也许几百年、几千年或者更长一段时间后，这次事件也会在地层中留下痕迹，就像5600万年前的那次灭绝事件一样。然而这次事件是由人类活动造成的，和以往历次类似事件有所不同。这标志着地质时代翻开了新的一页，一些科学家建议将这个新地质时期称为"人类世"。有诗为证：

> 光阴流逝日月转，山河变换人事忙。
> 人类活动威力大，留下印迹地下藏。

然而这次二氧化碳含量的飙升并非只是海洋生物面临的灾难，它由人类引起，当然也要由人类来承担后果。人们显然也切身地感觉到了事态的严重性，因为二氧化碳含量的飙升导致气候变暖，这即将引发一场有可能持续几千年的大洪水（图32.1）。

◎　图32.1　气候变暖将引发一次长达几千年的大洪水

这是怎么回事呢？

原来，我们的星球上有很多巨大的冰原和冰川，它们都是储藏淡水资源的大仓库。规模最大的3个仓库号称世界三大冰原，其中一个位于北极附近，覆盖格陵兰岛（图32.2），另外两个位于南极洲，覆盖南极洲的东部和

◎ 图32.2 格陵兰岛

西部。三大冰原的总面积相当于美国和澳大利亚的总和，那里的冰来自数千年来持续降落的雪花。当松软的雪堆积在陆地上时，它们就被自身的重量压成了结实的冰。

在有些地方，冰的厚度达4000多米。由于重量太大，那些冰就像橡皮泥一样弯曲和扩散。当新的雪继续落在南极洲和格陵兰岛上时，它们就会在重力的作用下形成新的冰，而它们下面的旧冰则会向外扩散并最终进入海洋。

尽管几乎所有的冰都在运动，但大部分的冰每年只移动几米，只有到了海岸线附近时，冰移动的速度才加快。被称为冰川的巨大冰河每年会流动数百米，甚至数千米。当冰川延伸到海岸时，便开始进入海洋。于是，一些海岸线便被一些浮冰所环绕。这些冰被称为"冰架"，是从陆地延伸到海洋的巨大冰体。

冰架通常有几百米厚，所起的作用非常重要，正是它们阻挡了身后冰川的流动，减缓了冰川流入海洋的速度。

然而，科学家发现，一些冰架显示了疲软的迹象，因为深海温暖的洋流正在从下面融化它们。例如，位于南极冰原西部的松岛冰川的冰架有400米厚，和纽约102层的帝国大厦的高度相当；但是在1992至2018年间，这个冰架变薄了70米，松岛冰川流动的速度也加快了，是1980年的1.7倍。

　　而且，冰架并不仅仅面临着来自下方的温暖洋流的威胁，上方变暖的空气也向它们发起了冲击。温暖的空气会融化冰架顶部的积雪，在冰架上表面形成巨大的池塘。于是融化的雪水便渗入冰层的裂缝中，水的作用使裂缝越来越深，直到冰层被穿透。如果冰架上同时出现许多裂缝，那么整个冰架就会在几天内解体成一群冰山，漂向大海。

　　这种情况已经在相对温暖的南极半岛上发生了。这片土地一直延伸到南美洲的最南端。自 1988 年以来，它的 4 个冰架发生解体，从北到南轰然倒入大海（图 32.3 ）。

　　当冰架坍塌后，曾经被它们阻止的冰川便失去了控

◎　图32.3　冰架坍塌

制，那些冰川的流动速度会增加至原来速度的 2 ~ 9 倍，这导致它们比以往任何时候都更快地把冰倾进大海。

　　南极洲不断地失去自己的冰。在未来的几十年里，平均气温将上升 1.5 摄氏度，南极洲将失去更多的冰。这个过程一开始发展得并不是那么快，但当全球变暖使气温上升 3 摄氏度时，速度就会快得惊人。不仅仅是南极洲和格陵兰岛，这种迅速融化实际上是全世界所有冰的共同命运。事实上，科学家们发现，即使人类能将气温上升幅度控制在 2 摄氏度以内，在未来 2000 年左右的时间里，海平面仍将上升 25 米，且至少持续 1 万年。这正是：

> 淡水资源冰原藏，冰川融化汇河川。
> 无奈浪急洋面升，急需办法把灾防。

　　全世界 2/3 人口超过 500 万的城市分布在沿海地区。而世界人口的

173

10% 生活在海拔不到 10 米的沿海地区，所以那些地区的人们不得不付出巨大的人力和物力与大自然的力量相抗衡，比如制定新的建筑标准、修建堤坝、抬高建筑物等。到了万不得已的时候，大规模撤离也就在所难免了。此外，海平面上升还会引发更加频繁的海啸，太平洋和大西洋沿岸的城市会首先受到海啸的冲击。

不过那是一个缓慢的过程。开始的时候，人们只是看到城市的堤防被偶然性的洪灾所摧毁，接着事态越来越严重。美国佛罗里达州的大部分地区、美国东部和墨西哥湾沿岸、荷兰和英国的部分地区逐渐成为洪泛区（图32.4）。一些岛国消失了。由于洪水和盐水侵入土壤，沿海农田的盐度增加，农业生产受到沉重打击。

◎ 图32.4 大片土地成为洪泛区

可以肯定，到了 23 世纪，平均气温至少会比工业革命前上升 5 摄氏度，有可能达到峰值。但即使达到了峰值，在那以后，气温也不会很快下降。哪怕再过 3000 年甚至更长的时间，气温也只会下降 1 摄氏度。

这意味着在未来的 1000 年里，格陵兰冰盖将几乎消失，紧随其后的是南极西部冰原。随着融化的冰水流入大海，海平面上升在所难免，它将上升约 10 米。对于全球大多数海边城市（其中也包括一些已高速崛起的沿海超级都市）而言，这毫无疑问是个坏消息。由于海平面上升，全世界将有大量人口需要转移。这正是：

冰原融化海水涨，气候变化起异常。
大水将临成泽国，强风恶浪逞凶狂。

于是，以前只存在于争论中的庞大工程不得不付诸实施了。为了在地球上生存下去，人类不得不和大自然展开一场殊死搏斗。究竟这场搏斗会是怎样的场景，结局又将如何，且听下回分解。

第三十三回

放手一搏力挽狂澜，
决斗蓝天气贯长虹

    上回说到冰原融化导致海平面上升的形势日趋严峻，人类不得不和大自然展开一场严酷的斗争，其目的是赶在形势不可逆转之前将气候变暖的势头遏制住。然而，随着形势的一步步恶化，人类越来越绝望了，因为气候快速变暖的趋势表明，这个目标很难实现。原因就在于，人类迟迟没有做出强有力的行为改变，他们行动的速度总是赶不上自然环境恶化的速度。

    到了 21 世纪上半叶的一二十年代，地球上 3/4 的土地已经被人类严重改变。工业革命前的湿地消失了近90%，森林覆盖面积相当于 1850 年以前的大约 2/3。人口大幅增长，仅此前的半个世纪，世界人口就增长了约 1 倍多，从 1970 年的 37 亿增加到 2019 年的 76 亿。城市面积大幅扩大（图 33.1），大片土地变成农业用地，农场和牧场占据了动植物的栖息地。那些地方过去是森林、湿地或草原，这意味着野生动物的生存空间被严重挤压。

人类对海洋的索取更是变本加厉、不遗余力。到2019年，人类活动已经改变了全球海域的2/3。人们在全球超过55%的海域捕捞作业，捕捞的海洋鱼类的种类约占总量的1/3。由于捕捞速度过快，这些鱼类的繁殖速度再也无法赶上它们消失的速度了。

◎　图33.1　由于人口增长，城市面积大幅增加

污染对海洋生物的威胁越来越大（图33.2）。到2019年，人类制造的塑料污染已是40年前的10倍。这至少伤害了近300个物种，包括86%的海龟、44%的海鸟和43%的海洋哺乳动物。

自工业革命至现在，人类已经改变了地球上75%的土地和66%的海洋生态环境，全球1/3以上的土地和3/4以上的淡水资源都被用于农业和畜牧业生产，生态平衡和野生动植物的多样性面临消失的威胁。许多物种濒临灭绝，其中包括1/3以上的海洋哺乳动物和40%以上的两栖动物。每8种已知动植物中就有一种濒临灭绝，每10种两栖动物中就有4种濒临灭绝或可能已灭绝，每10种昆虫中就有一种可能消失。1/3

◎　图33.2　污染对海洋生物的威胁越来越大

的鲨鱼、海洋哺乳动物和造礁生物亦是如此。由于人类的活动，物种消失的速度达到过去1000万年间平均速度的几十到几百倍。这正是：

> 蓝色地球环境美，如诗如画令人醉。
> 怎奈人类不珍惜，自毁家园徒伤悲。

2019年夏天，规模空前的热浪又一次袭击了欧洲（图33.3）。6月和7月，两波热浪相继来袭，法国、荷兰、比利时、德国成为重灾区，有些地方的最高气温达到了42摄氏度。即使像英国这样的纬度较高的国家也领教了酷暑的滋味。这一年，在欧洲之外的其他地区（例如亚洲和美洲），许多城市也未能幸免于热浪的冲击。

◎ 图33.3　一场规模空前的热浪又一次袭击了欧洲

2025年，由于北极圈永久冻土层的融化，约1900亿吨温室气体将被释放出来。在两极附近和一些高山上，一些土层自几千年前最后一个冰河时代结束后就一直冻结着。它们并不是薄薄的一层，在许多地方，它们的厚度超过10米，这就是永久冻土层。永久冻土层中保存着很久以前死了的植物。当那些植物活着时，它们从大气中吸收二氧化碳，就像今天的植物一样，但永久冻土层一旦融化，它们就会释放这些碳。在释放的过程中，土壤里的微生物有了生长繁殖的条件，于是大量繁殖起来。随着微生物的繁殖，大量甲烷也被释放了出来。

这会导致全球变暖的形势更加严峻，不仅加速了海平面上升，而且使全球50亿人口陷入周期性水资源短缺的困境。

到那时，地球工程学将越来越受到重视，被看成拯救地球于水火的最后法宝。大致上说，地球工程学为人类拯救地球指明了主要方向。其中一种方法是碳移除，即从大气中清除以二氧化碳为主的温室气体，方法包括造林、土壤固碳、生物捕碳、填埋二氧化碳等。这些方法虽然在理论上可行，但实施起来很不容易。例如，填埋二氧化碳就是一项庞大的工程，效果难以保证。

地球工程学为人类拯救地球指出的第二个方向是减少太阳辐射，其中的方法同样多种多样。比如，用船舶播撒盐雾将云彩染白，在平流层上释放硫酸盐降低气温（图 33.4），在地球轨道上设置反光镜以反射阳光，在沙漠上覆盖聚酯薄膜等，但这些方法究竟可行不可行？

◎ 图33.4 在平流层上释放硫酸盐降低气温

有些想法显然难以实现，例如在沙漠上覆盖聚酯薄膜。从理论上说，这样做确实能反射很多阳光，使地球的气温得到一定程度的下降，但覆盖如此大的面积需要花费多少清洁的工夫和维护的成本？在地球轨道上设置反射阳光的"太阳伞"，需要进行大约 2000 万次发射。有些计划看上去靠谱一些，例如将屋顶和道路刷成白色，因为白色的表面能反射更多的阳光，但科学家们发现这种方法的效率并不高。

对于这些方法，人们反复争论和论证的结果是，"刷白云彩"和向平流层释放二氧化硫更可取一些。"刷白云彩"最理想的地方是在海上，而且对低空的平层云尤其有效。人们可以向大气中喷洒盐雾，在成核现象的作用下，盐粒会促使云彩中产生更多的小水滴，使得每立方米云彩中的水滴数量比平常更多，于是云彩就变得比平常更白，它们所反射的太阳光自然就更多了。

但比"刷白云彩"更便宜、更有效的方法是往大气层中注入大量微小的颗粒。科学家们设想，假若人类能模仿火山活动把硫酸盐输送到平流层，它们就有可能在那里悬浮好几年。这样一来，它们就能长时间反射阳光了，为地球降温的目的自然也就达到了。

　　尽管已经有了方案，人类实施地球工程的行动却一拖再拖，其原因就在于地球工程耗资巨大，而且效果难以预料，弄不好不仅于事无补，反而有弄巧成拙的危险。

　　然而形势越来越迫切了。2050年，全球1/4的植物和脊椎动物将濒临灭绝；海洋酸化将摧毁所有珊瑚礁。小冰川将完全消失，大冰川的面积缩小70%。致命的热浪扑面而来，全球主要城市都面临热浪的威胁，全球2/3的人口会因缺水而备受煎熬。与此同时，海平面上涨的趋势愈演愈烈，许多国家将不得不耗费巨资修建规模宏大的堤坝系统。为了确保大城市的安全，人们将不惜花费十几年甚至几十年的时间在一些大城市的周围修建巨大的堤坝和闸门。

　　科学家们预测，2070年地球大气中甲烷的含量将上升到临界值，它导致的气温升高将不可避免地加速海平面上涨。

　　这表明，人类已经没有很多时间犹豫不决了。南极冰架和格陵兰冰原正在走向崩溃，海水上涨的速度前所未有。这正是：

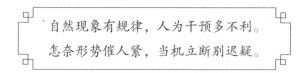

自然现象有规律，人为干预多不利。

怎奈形势催人紧，当机立断别迟疑。

　　时间到了2075年，人们终于准备就绪，冷却地球的地球工程不得不启动了。巨大的气球纷纷升空，各种飞行器在云中来往穿梭，平流层中播撒下大量硫酸盐微粒，形成了包裹着整个地球的薄雾反射层。在那段时间里，人们经常惊讶于一种异常壮观而又反常的日落景观（图33.5）。按照计划，这项工程要连续进行几十年，人类必须每年耗资100亿美元向平流层播撒大约500万吨二氧化硫。

　　每年100亿美元看起来是个庞大的数目，但在那个时候，所有人都不认为这是个大数目了。因为仅海平面上升所造成的损失就高达数万亿美元，所以每年100亿美元可以说非常划算。

　　过不了多久，地球工程的效果就会显现出来，平流层的气溶胶喷雾

◎　图33.5　异常壮观而
又反常的日落景观

开始慢慢阻止气温的上升，随后，气温开始下降，世界农业生产得到恢复，粮食产量增加，食品价格下降。地球仿佛又回到了正常的轨道上来。

第三十四回

海水汹涌巨浪排空，
大水终至家园沉没

且说由于形势日趋严峻，人类最终不得不和大自然展开一场严酷的争夺战。这场战斗的胜负事关全人类的生存，所以人类必须竭尽全力，不惜代价。

然而不幸的是，人类播撒的硫酸盐喷雾虽然可以阻止气温上升，但并没有阻止海平面上涨。这是因为喷雾在极地停留的时间没有在赤道地区长，因而对极地的降温效果并不理想。即使气溶胶使全球平均气温下降，极地却依然无法回到以前的寒冷中去，冰盖仍会融化，南极西部冰架的崩塌仍难以避免。

为了阻止南极西部冰盖失控崩塌，人们计划在海洋上实施一项浩大的工程，在南极西部冰盖附近的海底建造许多高达300米的孤立土墩和柱子，企图以这些结构阻挡冰川移动。

这一工程规模空前，但竣工后，冰架的崩塌会得到遏制，冰盖的融化速度将明显减缓。

　　然而海平面上涨并不会因此停止下来。于是，人们还得想办法为两极降温，方法是改变地球上空的云的形态。云对地球热量的"收支平衡"有着复杂的影响，它们既反射阳光又捕获大量的红外辐射。大致上说，处于低层的云可以通过反射将一部分热量返回太空，从而起到冷却地球的作用；但高空的卷云只反射很少的热量（图34.1），它们的存在会使地球的气温上升。

◎　图34.1　卷云

　　所以，这项地球工程的目标就是摧毁这种卷云。人们可以用飞行器在空中播撒三碘化铋。这是一种无毒的化合物，能促使空气中形成颗粒更大的冰晶。相对于自然形成的冰晶，这些大冰晶下落的速度更快。这样一来，高空中的卷云便没有机会形成了。

　　这项工程选择在高纬度地区实施，因为此前的研究表明，在高纬度地区实施这种工程，南极脆弱的冰盖就能得到有效的保护，全球极端天气现象有望得到缓解。

　　然而令科学家担心的事情还是会发生的。遮蔽阳光的地球工程会扰乱季风形成的模式，一些原本降水量丰沛的地区大面积出现干旱，从而导致城市缺水，粮食绝收，难民增加，冲突升级。一些城市会出现流行性疾病，另一些地方会发生大规模骚乱。事实上，地球工程存在巨大的副作用和风险，这是科学家们事先就知道的。不幸的是，尽管事先知道并且做了尽可能周密的部署，人们不愿意看到的事情还是发生了。

　　一段时间后，地球工程的副作用开始显现，冰架继续大规模崩塌，海平面上涨的趋势日益恶化，气温快速反弹。

2085 年，热带地区大幅向北漫延，许多热带疾病传播至高纬度地区。

2100 年，大气中二氧化碳的含量将达到过去 65 万年间的最高水平。

占地球陆地面积 40% 的地区的气候模式发生重大改变。干旱和沙尘暴席卷全球（图 34.2）。

◎ 图34.2 干旱和沙尘暴席卷全球

大自然的步伐是坚定的，尽管地球工程对它施加了一些影响，但它演化的趋势并没有因此发生多大的变化，巨大的南极西部冰原仍在慢慢地融化，全球气温继续上升，海平面继续升高。一些岛国消失了，大片近海土地永久性地沉浸在了海底。一些大都市相继葬身在波涛之下（图 34.3）。

2100 年，海平面上涨 1 米，威尼斯沉没；2150 年，海平面上涨 2 米，阿姆斯特丹、汉堡、圣彼得堡沉没；2200 年，海平面上涨 3 米，洛杉矶、

◎ 图34.3 一些世界超级都市相继沉入到波涛之下

旧金山、下曼哈顿区沉没；2450 年，海平面上涨 6 米，新奥克兰、上海、爱丁堡沉没；3000 年，纽约、伦敦沉没。

5000 年后，海平面比今天高 40 到 60 米。即使住在很高地方的人们也要转移了。一些地区被大水淹没，另一些地区（例如美国南部）则变得很干燥，庄稼无法生长，大城市也不适合在那样的地方存在下去。

> 气候变暖形势急，全球行动方可敌。
> 如若涣散不作为，错过时机悔莫及。

南极洲苏醒了，它被大片森林所覆盖，变成了一个郁郁葱葱的绿色大陆。假若我们的后代在此后的某个时候掌握了控制全球气候的方法，他们也许会计划恢复地球的原貌，让冰川重新形成，海平面下降到原来的水平。然而，这样的计划会遭到骄傲的"南极共和国"的公民们的反对，因为这将使他们失去建在冰川遗迹之上的家园。

假若时光之箭继续向前，我们还将看到欧洲和非洲大陆撞在一起了，直布罗陀海峡被阻塞。没有了来自大西洋的海水，地中海随之干涸，南欧和北非的一些国家开始在原来的海床上争夺领土。在海洋里，一些新生的陆地也在形成，它们渐渐冒出海面，成为人类新的居住地……

185

第三十五回

重起步地球脱旧貌，
再拓展火星展新颜

　　且说地球工程虽然暂时缓解了气候变暖的进程，但大自然最后还是一步步把地球拖进了一个水火世界。那是一个漫长而又混乱的时代，我们的后代将亲历那个动荡不安的岁月。不知有多少家庭要放弃他们熟悉的家园，涌向新的土地，展开新的生活，迎接新的挑战……

　　多年以后，地球将变得和现在完全不一样。假若人类在这个过程中没有采取有效的应对措施，文明将遭受沉重的打击，世界人口大幅减少。各位看官，依小的看来，这也怪不得别人，我们曾杀死了许多动物，毁坏了荒原，砍伐了森林，污染了空气，破坏了水源。这正是：

> 文明发展何为先，绿水青山最关键。
> 地球环境若破坏，自取其咎悔当年。

不过，另一种情况更乐观一些，那就是在灾难发生之前，人类已经对事态有了足够的重视，并找到了应对灾难的有效方法。事实上，即使在今天，主动权依然掌握在人类的手中。如前文所述，人们已经开发出了很多减少碳排放和清除二氧化碳的技术，假若全球合力，措施得当，情况就可能变得很不一样。

多年来，人们一直在研究邻近的一颗红色星球——火星。他们要改造这颗星球的环境，使之成为一个适合人类居住的新世界。

火星和地球既有相似之处，也有不同之处（图 35.1）。火星上的一天为 24 小时 37 分，和地球差不多。自转轴倾角也和地球相近，为 24 度，因而也有季节变化。火星的引力比地球弱，只相当于地球引力的 1/3。它与太阳的距离比地球远，因此非常寒冷，一片荒芜。然而在火星历史的早期，它也曾有过大量的液态水。有一种观点甚至认为地球上的生命就来自火星。有人推测，早期火星上的微生物完全可以"乘坐"火星陨石来到地球上。那些陨石是由彗星和小行星撞击火星表面时被抛射出来的。从生命演化的角度看，火星和地球存在密切的联系，这也许并不是没有依据的猜测。

◎　图35.1　火星上的黄昏，"勇气号"拍摄

　　当然，改造火星需要漫长的时间，其中最主要的工作是使火星变得温暖起来。火星上的年平均气温仅仅相当于地球南极冬天的气温，所以使火星变得温暖是改造火星的主要内容。人类采用的方法非常平常，这种方法和在地球上使用的方法是一样的，那就是通过释放温室气体来制造全球性的气候变暖。唯一不同的是，地球上的气候变暖带来了灾难，而在火星上则恰恰相反，它带来的是一个充满生机的世界。那么，如何使火星的大气充满温室气体呢？

　　当阳光照射行星表面时，行星会吸收阳光中的可见光和紫外光，然后将红外能量辐射回大气层。这时，行星大气中的二氧化碳和水就会很好地吸收部分红外能量。这个过程在地球上很容易实现，因为地球的大气中拥有丰富的二氧化碳和水，但这个过程在火星上不容易实现，需要温室气体的帮助才行。

　　为了使火星上有足够多的温室气体，我们可以在火星上建造大量释放温室气体的工厂。每个工厂相当于一个核反应堆，这些工厂一同工作100年后，可使火星的温度上升6摄氏度。为了达到适合人类居住的温度，这些工厂总共需要运行1000年（图35.2）。

　　不过使火星温暖起来也只能算改造火星的一个方面，因为要使火星变得真正宜居，人们还要做其他很多方面的工作，如提高火星大气中的含氧量，解决水和能源问题，启动火星磁场以抵抗太阳风和宇宙射线，等等。只有所有这些难题都得到解决后，火星移民才能实现。

　　公元3500年，火星地球化工程终于全部完成，人类的火星移民计

◎　图35.2　火星渐渐变得宜居

◎　图35.3　一个新的冰期如期而至

划拉开了序幕。这个计划创造了大量新兴产业和就业机会。人类终于有了第二个家园。

　　与此同时，地球上的气候还在继续演化。公元 7000 年，地球迎来了一个新的冰期，气候变得越来越冷，海平面大幅回落，冰川向低纬度地区不断漫延，温暖的南极大陆和格陵兰岛又重新回到了冰天雪地中……但这次冰期持续的时间并不长，可能只相当于 16 世纪人类经历过的小冰期。不过到了公元 10000 年，一轮有可能长达几万年的冰期将如期而至（图 35.3）。对于地球，这不算什么，但对于地球上的生命来说，这是场严峻的考验。不过到了那时，人类将拥有更强大的力量和更先进的技术，他们适应自然的能力已大幅提高，所以在冰期的严寒中，人类是有办法生存的。这正是：

生存之路多艰险，少有风和日暖天。
科学智慧是法宝，纵有万难只等闲。

第三十六回

旧环保理念随风去，
新工业革命扑面来

诗曰：

> 小小寰球日月伴，滔滔江河流水长。
> 曾有几多恶浪涌，更有多少风雨狂。
> 思想照亮未来路，科学驱动文明船。
> 纵有危崖倾倒时，大地依然载青山。

上回讲到气候变暖导致严重的环境灾难。这场灾难在带给人们痛苦的同时，也促使人们重新思考自然和人类的关系。一方面，在应对气候变暖的过程中，人类发展了许多先进的科技；另一方面，人类也终于懂得了尊重自然。虽然此前人们早已知晓尊重自然的道理，但没有一次惨痛的教训，这种理念很难得到彻底的贯彻。

首先，这种理念将彻底改变自然景观。假若能够穿越到未来，我们将看到未来的乡村风光和现在的大不一样，那时田野上很难看到人们劳作的身影，庄稼长势喜人，果园也修剪一新……

这一切得益于精准化农业。那时人们意识到，人类必须在现有的土地上大幅度增加农业产量，同时又要将耕作对环境的影响降到最低。怎样才能做到这一点呢？那就是实现农业的精准化操作。假若一块农田能够恰到好处地获得所需的化学元素，那么提供更多的化学物质就毫无意义，重要的是化学元素的量既不多也不少，让每株庄稼都得到合适的量和严格管理，这就是精准化。只有实现了最大限度的精准化，土地才能最大限度地提高产量，化学物质对环境的破坏程度也将降到最低。

但精准化的实现需要技术支持，单靠人力是绝对不行的。要知道，一个大型农场拥有几千公顷土地，要在如此广袤的土地上实现精准化操作谈何容易。然而在未来，人类并不缺乏技术。这个成熟技术就是在智能农业主导下的机器人科技。

在未来，人们将在广袤的农田上看到农业机器人忙碌的身影。它们根据需要施肥和浇水；它们管理农田，投放微量的除草剂；它们使用火焰枪和高能激光枪除去杂草；它们忙着鉴别庄稼的长势，在适当的时候收割归仓……农业无人机更是令人称心如意。无人机可以飞得很低，足以让人们清晰地观察作物的生长情况，例如是否遭受害虫的侵袭，是否需要进行田间管理，等等。由于在农田上空飞行，无人机可避免践踏庄稼。一架无人机可以在几个小时内巡查大片农田，而如果用人力做这件事，则需要很长的时间。

无人机也可以用于农田施肥、喷洒农药、放牧和监管果园。总之，很多用人力做起来很累很麻烦的农活，让无人机去做就会轻松多了。事实上，这样的景象在今天就能够看到，只不过未来无人机的智能化程度更高而已。

今天，农业自动化机械已经在很多地方开始使用了（图36.1）。你甚至可能已经看到过它们，只不过它们没有引起你的注意而已。因为这些

○ 图36.1 一种能从
事除草、喷洒作业
的农业机械

机器人看上去就像普通的农业机械，但它们能够自动运作，使用全球定位系统在农田中导航，还能向它们的"工具"（例如犁铧或农药喷雾器）"发号施令"，而它们的"工具"也能予以回应。例如，一架除草机会对它的拖拉机提出意见："你走得太快了"或"你应该向左边靠一点"。今天，许多农作物都是由机器人进行耕种、收割和加工的。现在，全世界有数千个牛奶场是靠机器人进行操作的，大量农产品在进入超市之前从未被人触碰过。在德国，一家公司生产了一种可配对的拖拉机。使用这种拖拉机时，驾驶者只需驾驶其中的一辆，第二辆就会模仿第一辆的动作在毗邻的田垄上运行。

然而，这不是精准化农业，这样的机器人也不是未来将要出现在农田中的农业机器人。

未来的农业机器人是怎样的呢？首先，它们在外观上更小，质量也更轻。由于质量轻，它们不会碾压土壤而破坏土壤中的多孔性结构。这样一来，微生物、水分和肥料就能在土壤中生存和保持很长的时间了。其次，它们至少拥有以下三个方面的高超本领，那就是导航、环境识别和干农活。

未来的农业机器人必须具有高精度的导航能力，乃至于能够确定单株植物的位置。这样，它们就能在不同的生长季节里返回田野来检查每株植物的生长情况。除了知道位置，它们还要能准确地进行识别。未来的农业机器人将拥有高超的环境识别能力。它们有敏锐的视觉系统，能通过植物的特性（如叶子的形状）辨别哪些是有用的庄稼，哪些是应该除去的杂草。

那时的农业机器人都是种田的好把式，它们知识广博，技术高超，既力大无穷又心细如发。例如，它们会用传感器对每株作物的氮水平进行测量，然后根据测量结果自动控制施肥量。这就比传统的方法节省了大量化肥，但产量绝不会减少。由于削减了化肥的使用量，江河和水渠都得到了更好的保护，生产化肥造成的二氧化碳排放得到遏制。这也正是精准化农业要达到的目的。

由于精准化的普及，未来的畜牧业和农业会发生一些变化。例如，由机器人进行的挤奶作业有可能影响奶牛的遗传学特征，因为农场主在选择奶牛时可能更喜欢选择"善于接受机器人"的奶牛了。这种奶牛的乳房形状、体形和习性等更适合机器人的挤奶操作。同样，一些水果和蔬菜也可能因为机器人的作业而在形态上发生改变，因为农民更倾向于挑选适合机器人作业的品种。例如，假若某个品种的种子或者叶子更容易被机器人识别，那么这个品种就会在超市中被人们更多地看到。这正是：

> 智能科技实在好，未来农业少不了。
> 自然景观大变样，庄稼苗壮又环保。

然而精准化农业的环保思维并不是最理想的，因为它的理念是"最小限度地伤害环境"，而未来的环保理念将反对任何对环境的伤害，人们会认为"有伤害就是不好的"。这种理念的形成来自全球环境受到重创后人类对 18 世纪那场工业革命的反思。

在未来，一场基于保护环境的新工业革命将如期而至。那时人们会将所有产品都设计成下一轮生产行为的"原材料"，它们在使用完毕后可以重新进入新的生产环节中去，或者被大自然完全降解。

其实，这样的过程并不是没有先例。这个先例就发生在生机勃勃的大自然中。在大自然中，一棵树每年要开几千朵花以提供更多的种子，其中尽管有不经济的成分，但这种策略是安全和高效的。这里，废弃物被认为是养料，它们可以完全进入下一轮循环中去。大自然就是靠这样的循环机制维持生机的。

显然，未来人们可以用科技的力量实现这个理念，因为那时人们有了更先进的技术，他们的办法更多，也会做得更好。他们会恢复大自然的原貌，使天更蓝，水更清。虽然这条道路非常漫长，但未来的人类有能力办到。这正是：

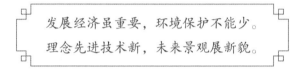

发展经济虽重要，环境保护不能少。
理念先进技术新，未来景观展新貌。

第三十七回

科学发展屡创佳绩，宇宙探险又谱新篇

　　且说未来社会是一个科学昌明的新世界，一些未解之谜得到破解，人们对自然的认识也有了前所未有的深入。

　　今天的天文学家认为，宇宙诞生于 137 亿年前的一次大爆炸。那时的宇宙并没有光，后来由于引力的不稳定性，宇宙中出现了一些暗晕，它们是暗物质聚集成的团。暗晕吸收普通物质，启动恒星和星系的形成过程，为宇宙带来了第一代发光的天体。

　　这个过程是怎样的？人们几乎一无所知，这是因为今天的望远镜很难将人们的视线带入到宇宙的"黑暗时期"。但在未来，人类有办法制造出功能非常强大的望远镜。例如，我们有可能用太空机器人直接在轨道上组装比现在的地面大型望远镜还要大许多倍的太空望远镜。这种望远镜能捕捉宇宙中最遥远的光子，观测最古老的天体，寻找最隐秘的生命迹象，而这样的望远镜还会在太空中越做越大。人们也可以把望远镜建

◎ 图37.1　射电望远镜阵列

在月球上。在地球上，射电望远镜阵列也将越来越宏大（图 37.1），它们被用于研究第一代发光天体的诞生和演化，研究暗物质、暗能量、黑洞和类星体。这些疑团的逐一破解将为物理学和天文学打开全新的局面。那时人们对宇宙的认识将和今天很不一样，一些崭新的发现将颠覆传统的宇宙观和一些今天我们认为非常正确的物理学理论。

由于那时的望远镜非常强大，人类在寻找宇宙生命方面也获得了新机遇。人们可以依靠这些望远镜在行星的大气中寻找二氧化碳、甲烷、水蒸气和钠。这些成分是宇宙中的生命元素，它们的存在表明那颗星球上可能存在生命甚至文明。所以，在未来，将有更多的类地行星被发现，人类对宇宙生命的认识也会登上一个新台阶。

在未来的两个多世纪里，人类会热衷于远征外太阳系，我们的足迹会踏上太阳系中一些令人神往的卫星和小行星。作为重点探索目标的木卫二（图 37.2）、土卫二、土卫六和海卫一将被人们一一征服。太阳系外围的两个充满原始小天体的地方——神秘的柯伊伯带和奥尔特云也会得到仔细的研究。人类的好奇心将在这场伟大的外太阳系远征中得到巨大的满足。

接下来，人们会飞出太阳系去探索一颗离我们最近的类地行星——

比邻星 b。这颗星离我们仅 4.2 光年，是 2016 年 8 月被发现的。依靠今天的航天技术，4.2 光年离我们太遥远，但未来的人类有办法制造更加强大的

◎　图37.2　从木卫二上看到的木星和太阳

航天动力系统。到了那时，我们的太阳系就像一个封闭的城堡，未来的探险家绝不会满足于待在这座城堡里，他们会走出这个弹丸之地去寻找外面无限广阔的新世界。有诗为证：

茫茫夜空一天河，繁星璀璨美景多。
探索宇宙不畏险，驾驭飞舟穷碧落。

与进军宏伟的宇宙深空相对应的是，人类也将前所未有地进入物质世界最微观层次的自由王国。纳米科技、材料科学、3D 打印、人工智能等科技领域前所未有的进步将引发一连串的技术革命。

在过去的几十年里，科学家们先后发现了球形碳分子"巴克球"和铁丝网卷筒状的"碳纳米管"（图 37.3），还有二维的碳原子片"石墨烯"（图 37.4）。这些发现为材料科学开辟了全

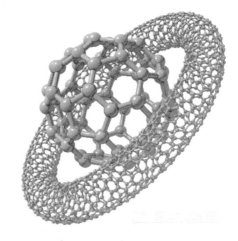

◎　图37.3　巴克球及碳纳米管

◎ 图37.4　石墨烯

新的天地。例如碳纳米管的密度只有钢铁的1/4，但单个碳纳米管的抗拉强度是钢丝的50倍，它们可以做成比经过碳纤维加固的聚合体更结实、更轻便的复合材料。有了这种材料，很多以前只能想象的东西在未来就有

实现的可能了。

石墨烯也是非常优良的材料，它将在未来取代硅而成为超高频晶体管的基础材料。这种材料能广泛应用在高性能集成电路和新型纳米电子器件中。在未来，人们将会看到由石墨烯构成的全碳电路，还有基于石墨烯的各种电子器件和产品，如太阳能电池和液晶显示屏等。

在人们的日常生活中，所有的东西都离不开材料，所以上述的由纳米科技、材料科学引发的革命会渗透到人们日常生活的方方面面。也许未来的人们会看到能扇动翅膀的飞机、可抗击太空碎片的航天器、可折叠伸缩的显示器、有自动修复和"愈合"功能的汽车、通向宇宙空间的太空电梯、在地球轨道上收集太阳能的太空电站……总之，现在可以想到而一时又难以实现的很多"幻想"都有可能在未来变成现实。有诗为证：

宏观世界奥妙大，微观天地奇事多。
勇于创新求发展，换得未来好生活。

现代医学、生物学和基因科学的迅猛发展将使未来的人类勇敢地挑战大自然为他们设定的生命界限。今天我们知道，人体由各种各样的细胞组成，细胞的中央有个细胞核，细胞核里存放着一种名为DNA的分

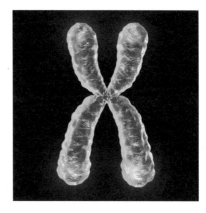

◎ 图37.5 染色体与端粒

子，我们的基因就储存在这些 DNA 中，它们决定了我们的种种性状，例如我们的头发是曲还是直，眼睛是蓝还是黑，皮肤是黄还是白，个头是高还是矮，性格是暴躁还是温和，等等。携带遗传信息的染色体有一个"保护罩"，它叫端粒（图 37.5）。科学家们发现，人类寿命最大的秘密就隐藏在端粒中，它就像隐藏在细胞中的一座生命时钟。

原来端粒是细胞分裂的记录器，细胞每分裂一次，端粒就缩短一点，直到宣告细胞死亡。这个发现令科学家们十分震惊，因为这意味着端粒似乎在以一种奇特的方式记录着生命走向终结的过程，它在为我们的生命倒计时。

假若与人类寿命有关的仅仅只有端粒，未来的生物学家就可能对衰老依然束手无策，然而人们还在细胞中发现了另外一种东西。它是一种酶，当染色体的末端出现磨损的时候，这种酶就开始发挥作用，它会对磨损的部分加以修复。这种酶叫端粒酶，它是维持生命活性的一个关键要素。当一个人年轻时，端粒酶的活性大，容易维持和延长端粒，这是年轻人不显老态的原因；但人一旦上了年纪或者得了某种疾病，端粒酶的活性就变得很低，端粒就缩短了。

端粒酶的发现意味着端粒这座生命时钟的运行并不是不可逆转的，未来的人类可以通过提高端粒酶的活性找到一个拨慢时钟的办法，人类由此看到了长寿的曙光。

当然，要打破大自然为人类设定的生命界限，人们还得战胜很多疾病，癌症要算其中最大的顽疾了，它通常与人体中某些基因的失控有关。随着基因科学的进一步发展，未来的医生有可能找到阻止基因失控的方法，而且对于其他疾病，这种方法也很有效。

当人类的寿命得以延长时，未来的人类社会就会发生很大的变化，人们将享受更高质量的生活，和亲人相处更长的时间，目睹后代的成长，学习新的语言，从事新的职业……同时，人类的社会结构、思想观念和伦理也会受到前所未有的冲击，但未来的人类会解决发展中出现的这些问题，这场由生物医学带来的变革最终将获得丰厚的回报。这正是：

生命世界天地宽，人类医学大发展。
长命百岁不是梦，健康人生展欢颜。

　　在未来，科学的发展将是全方位的，人类获得的知识前所未有地丰富，生活质量大为改观。欲知后事如何，且听下回分解。

第三十八回

天宇广布超级工程，
大地巧立太空电梯

　　且说许多年以后，地球上堆满了垃圾，人们被迫转移到太空船上居住，并请机器人清理地球。机器人瓦力就这样干起了清理地球垃圾的工作。在日复一日的单调工作中，瓦力渐渐有了意识，开始向往爱情生活。有一天，一个叫伊娃的女机器人从天而降，瓦力爱上了她，并和伊娃一起帮助人类重返地球……

　　这是电影《机器人总动员》中的情节。在电影中，地球上堆满的垃圾来自高度物质化的地球文明，而未来遍布地球轨道的太空垃圾也同样如此，它们包括各种退役和失效了的人造卫星、大小不一的卫星残片、散落于轨道上的卫星零部件等（图38.1）。这些东西不仅对运行中的卫星构成威胁，还有可能坠入地面对人类造成危害。

　　因此，未来的人类必须请很多瓦力解决太空垃圾问题。这些机器人在清理太空垃圾之余发展了其他很多技能，变得越来越能干，最后成了

◎ 图38.1　遍布地球轨道的太空垃圾

实施太空超级工程的生力军。

　　未来的超级工程将从地面转移到太空，人们会在轨道上组装各种大型结构，创立一种全新的太空服务产业。早已有人对这种产业的宏伟前景做出了描述，他就是航天技术的先驱沃纳·冯·布劳恩。

　　1948 年，布劳恩撰写了一本奇特的书，他在这本书中描述了他设想的未来火星之旅。他的火星舰队由 10 艘太空船组成，每艘太空船重约 4000 吨，全部在地球轨道上组装完成，组装部件由 46 艘太空船经过900 多次发射运送到轨道上来。

　　在未来，布劳恩所描绘的这种宏伟前景将变成现实，例如在轨道上组装大型太空站、大型太空望远镜、太空太阳能电站、太空基地以及其他非常宏伟的太空装置。

　　随着人们发射的人造卫星和航天器的数量不断增加，太空也会变得越来越拥挤，于是卫星间的碰撞事故就越来越容易发生了。这样的碰撞又会制造出一些碎片来。碎片会撞上其他卫星，造成更多的碰撞，结果就像多米诺骨牌一样形成连锁反应。这样一来，游荡在地球上空的碎片就越来越多，乃至于形成了环绕地球的碎片云，最后出现的情况就是人类无法再向太空发射航天器了，人类通往太空的大门被完全封锁。这样的事有人预言过，他就是美国航空航天局的科学家唐纳德·凯斯勒，后来人们称这种现象为"凯斯勒症候群"。

凯斯勒症候群的预兆性事件发生于 2009 年。那年 2 月 10 日，凯斯勒魔咒般的预言仿佛开始有了应验的迹象。两个航天器——已废弃的俄罗斯卫星"宇宙 -2251"和美国通信卫星"铱 33"以 42100 千米 / 时的速度发生了碰撞，结果"铱 33"的一个太阳能电池板被撞碎，出现无法控制的翻滚，而"宇宙 -2251"被彻底损毁。两颗卫星所在的轨道成了碎片云的发源地，其中直径超过 10 厘米的碎片达到 2000 片，更小的碎片则不计其数。

如果不加控制，几十年以后，凯斯勒的预言就会变成现实，火箭发射将越来越困难。不仅如此，火箭发射的高成本和高风险也迫使人们去寻找更理想的方法。而这种方法其实早在 19 世纪末就有人提出来了，这个人就是俄国科学家康斯坦丁·齐奥尔科夫斯基。

齐奥尔科夫斯基（图 38.2）出生于俄国的一个并不富裕的家庭。家里有 7 个孩子，他是第五个孩子，他的父亲是一位信奉俄罗斯东正教的林务员。齐奥尔科夫斯基的童年很不幸福，他没有受过正规教育，只上过一段时间的村办学校。10 岁时，他患了猩红热，几乎完全丧失了听力。由于听力问题，他没法上学，和外界的联系也被切断，还成了邻居孩子们嘲弄奚落的对象。13 岁时，他的母亲

◎ 图38.2 齐奥尔科夫斯基塑像

又去世了。万般无奈之下，齐奥尔科夫斯基只好待在家，他的大部分时间以书为伴，阅读和幻想成了他忘却烦恼的唯一途径。

渐渐地，这个少年长到 16 岁了，父亲不得不为他的前途担忧。这一年，父亲用积攒下来的钱送齐奥尔科夫斯基去莫斯科求学，但这些钱并

不够让他进学校学习，齐奥尔科夫斯基只能去图书馆自学。他在那里自学物理、化学、数学和几何学，还研究天文学，并阅读大量其他书籍和杂志。这正是：

> 患有耳疾又何妨，男儿贵在有志向。
> 热爱科学加勤奋，抗争命运靠自强。

由于需要省下钱购买书籍和学习用品，齐奥尔科夫斯基每天只吃很简单的食物，这导致他的体质越来越弱，健康状况每况愈下，最后只得返回家乡。1877 年，回到家乡的齐奥尔科夫斯基通过了乡村中学教师资格考试，成了卡卢加省波罗夫县一个中学的数学老师。

在波罗夫县，齐奥尔科夫斯基一面教书一面开始了独立的研究工作。1881 年，他完成了一篇名为《气体理论》的论文。他将这篇论文提交给俄国物理化学学会。学会的专家阅读后十分惊讶，因为他研究的这一问题早在 25 年前就被圆满解决了。更让他们惊讶的是，这位年轻人所得到的结论是完全正确的。这是齐奥尔科夫斯基的第一次科学研究活动。由于耳聋，他与外界缺乏联系，所以他并不知道他研究的问题早已解决了。

齐奥尔科夫斯基的研究范围十分广泛，包括飞机、火箭、飞艇、太空船、空间站等。1895 年，齐奥尔科夫斯基受到巴黎埃菲尔铁塔的启发，考虑建造一座通天的高塔。塔从地面一直往上建，直到 36000 千米的高度，这是地球静止轨道的高度。齐奥尔科夫斯基认为，在那样的高度上，只需将飞船轻轻地释放出去，它就可以像被投出去的链球一样获得摆脱地球引力的速度，从而进入太空轨道。

这个塔的概念后来被缆绳所取代，人们建议使用地球同步卫星作为基地，从那里向下部署。通过使用配重，缆绳可从地球静止轨道上下降到地球表面，而配重则从卫星上延伸到地球静止轨道的上方。这样一来，缆绳就能始终保持在地球上空的某一点上。这就是太空电梯的基本概念。齐奥尔科夫斯基是提出这个概念的第一人。这正是：

> 巨塔通天一梦想，原理如铁广如疆。
> 只待技术成熟时，梦想成真变寻常。

　　除了提出太空电梯的概念外，齐奥尔科夫斯基还撰写了大量关于太空旅行的文字。在 20 世纪初，人类离跨入太空时代的门槛还有几十年时间，但齐奥尔科夫斯基在那个时候就详细描述了载人宇宙飞船升空时的整个过程，包括飞船升空时宇航员的超重感觉、进入太空后的失重状态、进入太空的过程中地球和天空呈现的景观等。这些描述与今天人们的所见所感几乎完全相同。齐奥尔科夫斯基在一生中对太空旅行最为着迷，他留给世人的名言就是"地球是人类的摇篮，但人类不能永远生活在摇篮里"。

　　一个多世纪以来，齐奥尔科夫斯基提出的太空电梯的概念一直为科学家们所重视。在科幻作品中，太空电梯也频频登场，它为科学家们构想真正的太空电梯提供了很多新元素。1978 年，在一本名为《天堂之泉》的科幻小说中，英国科幻作家阿瑟·C·克拉克描述了这种电梯。

　　故事发生在 22 世纪的一个小岛上，几位工程师要在这座小岛上建造一座不可思议的电梯。为首的工程师叫凡纳发·摩根。他说："电梯将直通太空，成为我们造访星辰的桥梁。这是一个简单的系统，使用便宜的电能，却能代替火箭把人们送上太空，它将使太空旅行告别昂贵的费用和震耳欲聋的轰鸣。"

　　经过一番艰苦的努力，工程师们使用一种先进的新材料建造了一条通天的索道。一天，几位科学家乘索道电梯来到离地面几千千米的平台上，他们要在那里从事对太阳系的观测和研究工作。就在进行观测的时候，太阳进入到黑子活动频发期，科学家们被困在了那里不得返回，于是摩根只身前往营救。

　　太空电梯升了起来，"泛着微光的山顶在下面徐徐远去，电梯是那样平稳，那样安静，不亚于一只正在升起的气球"。

205

摩根的营救历经千辛万苦，他终于战胜困难，赢得了胜利。最后，地球上相继竖立了一座座太空电梯，人们通过这些电梯成功地移民到了其他星球。

克拉克在书中写道："如果天体物理学的法则允许一个物体悬停在半空，我们为什么不能从空中垂下一根绳索并用一个电梯系统将地球和太空连接起来呢？"

几十年后，克拉克描述的那种电梯将进入实际建设阶段，材料科学和机器人科技的发展为这种超级工程的实施创造了条件。人们开始使用一种碳纳米管纤维制作的缎带建造真正的太空电梯，这种缎带只有几微米厚，宽20至40厘米，却能承受1800千克的重量。它们从空间站向地面和太空延伸，在机器人的帮助下，一层层地重合起来，直到可以承受那种强大的拉力为止。再过几十年，太空电梯工程将全面完工（图38.3），这时人们可以在第一部太空电梯的帮助下建设下一部太空电梯。由此发展下去，便会有越来越多的太空电梯连通地球和太空。

◎　图38.3　太空电梯

太空电梯的时速可达200至300千米，抵达地球同步轨道需要5至7天时间，运输成本相当于每千克仅10美元。有了太空电梯，人们便可以纷纷乘坐这种建在缎带上的交通工具去太空旅行，人类的太空时代将翻开新的一页。这正是：

小小地球是摇篮，遥望群星多灿烂。
宇宙辽阔人有志，登天之梯扶摇上。

第三十九回

智能生活无奇不有，
技术时代无所不能

　　上回讲到太空中的超级工程，这种工程需要类似瓦力这种神通广大的太空机器人来完成。然而在未来，地面上的机器人更是五花八门，人们的生活中充斥着形形色色的机器人，其中，多数机器人是专业机器人。例如，在治疗疾病方面，人们会在未来发明很多医用机器人。它们大小不一，大者如真人般大小，小者只有几毫米，叫微型机器人，还有些是纳米级的，称为纳米机器人。这些机器人都是医生的好帮手，能实施手术、释放药物、传输图像等。现在这样的装置大多只存在于实验室或者科学幻想中，但在未来它们确实可以担当为患者解除疾病痛苦的重任。

　　在日常生活中，这样的专业机器人还有很多，包括军用机器人、清洁机器人等。它们的形状各异，一般并不追求和人"长得一模一样"。这正是：

机器精灵千般好，未来生活少不了。

脏活累活样样干，聪明伶俐手又巧。

另一些机器人则会向着真人的方向发展，它们会在未来进入人们日常生活的方方面面，并试图让人们真正地接纳它们（图39.1）。

想想现在的机器人，它们已经拥有了非常高超的本领：它们能和人类进行目光交流，用视线跟踪人的动作，给人以"有人在家"的感觉。那么在未来，它们一定会更有人情味，人们和那样的机器人相处，建立类似朋友的关系是很有可能的。

今天，人们正梦想那样的机器人能出现在现实世界中，所以科学家们正在试图抹去人和机器人之间的本质区别。例如，有人提出了一种理论：要制造能融入人类生活的机器人，关键是让它知道犯错。所以，这些科学家试图让机器人模仿人类的认知偏差，他们让机器人出现记忆错误，从而误读人类的指令，这样机器人就会时不时地犯点小错误。这些科学家说，犯错使机器人显得不完美，而不完美更容易让人接受。

在未来，人类很有可能真的拥有非常"容易让人接受"的机器人。

◎　图39.1　机器人将进入未来人类日常生活的方方面面，并试图让人们真正地接纳它们

那时，人们就会有意无意地把对真人的期待转移到这种机器人身上，例如让机器人成为孩子的朋友和老师，或者让机器人陪伴老人，等等。

在美国导演斯派克·琼斯拍摄的电影《她》中，一位作家爱上了一个名为"萨曼莎"的人工智能系统。萨曼莎聪慧睿智，语音甜美，作家因此对它渐生爱意，产生了难以摆脱的依恋之情。未来，上述电影中发生的事情也有可能成真，并且变得不足为奇。

英国人工智能科学家戴维·列维也在他的一本名为《跟机器人恋爱，跟机器人做爱》的书中预测了机器人的未来。他认为，到 2050 年左右，机器人就会变得栩栩如生，如同真人。这位科学家说："当我们能和它们娱乐、交流和倾诉衷肠的时候，我想很多人就会爱上它们。"

总体来说，未来科学的发展使人们的情感生活有了更多的选择，人们可以延续传统的方式交友和恋爱，也可以借助虚拟技术和机器人技术寻求爱的慰藉（图 39.2）。不过人们真正需要的是心灵的碰撞，技术和虚拟空间是否真能做到这一点显然还是有疑问的。何以见得？有诗为证：

> 技术时代真奇妙，钢铁肉身皆精巧。
> 若让机器慰心灵，人间关爱更重要。

209

由于机器人技术和远程替身科技的结合，未来的人们还有可能分身有术，人们不仅可以有一个真身，也可以有一个甚至多个化身。真身是人们自己的肉身，而化身则是代替真身处

◎ 图39.2 人们可以借助虚拟技术和机器人技术寻求爱的慰藉

理各种事务的全权代表。所以在未来，一个人坐在这里，却又可以身处异地；一个人在这里接受手术，而实施手术的医生在千里之外；一个人在这里发动攻击，而真正的战场在万里之遥。

把人类的能力转移到一台位于远处的机器上，让机器代替人类工作，这样的想法至少可以追溯到20世纪80年代。当时，美国科学家、被誉为人工智能之父的马文·明斯基提出了"远程监控"的概念。他用这个概念描述了一种新兴的科技。他说，这种科技会使人们觉得他们出现在了另一个地方，而他们的身体并不真的在那里。在明斯基的构想中，这样的系统将开创人类的远程控制经济，使人类的社会生活发生巨大的变化。

远程替身机器人大显身手就只是一个时间问题了，这种机器人有"脚"，能以人的步速移动；它的"脸"是一块屏幕，能显示人的面容；"眼"是摄像头，在网络的支持下能观察现场环境，实现无线遥控。人只需发出指令，这种机器人就可以按照指令在另一个地方代替主人听课、讨论问题，在教室里走来走去，和朋友交谈。

事实上，现在已经有了这种机器人最初的样本。在网络的支持下，这种机器人能实时传送主人的面部表情，摄像头和传感器能让你观察到周围的情况，给你身临其境的感觉。它们装有轮子，高度可变，能代替主人出席会议和从事某些简单的工作。它们的出现预示着未来的人们完全可以用远程替身机器人代替自己从事各种活动，包括访问朋友、参观博物馆、和身处远方的同事协同工作、诊断和探访病人等。

这样的技术将改变人类的未来生活，甚至影响人类社会的运作方式。人们的感觉会变得很"奇怪"，因为最终这种机器人会发展到可用意念操控，而千里之外的感觉还会反馈回来，这意味着我们的感觉会延伸到十分遥远的地方。同时，相应的麻烦也出现了，它带来的一些法律、社会和伦理问题将为未来社会带来不少困扰。例如，在监管方面，它们有可能成为一个令人头疼的麻烦。假若一个国家的医生通过远程操作对另一个国家的病人实施治疗，那么这种治疗行为算是发生在哪里？谁该对这种医疗行为进行监管？假若治疗过程出了问题，或者实施远程治疗的医生并没有取得相应的资质，那么谁来承担调查和实施制裁的责任？类似的情况也会出现在其他领域。比如，假若有人从一个国家"打出一拳"，结果伤到了另一个国家的人，这种罪过由谁来追究？适用于哪国的法律？这样的问题还有很多，不一而足。

　　然而远程替身科技所产生的最令人头疼的问题还不是这些，而是我们对自我产生了从未有过的困惑。假若我坐在这里，而同时又在另一个地方进行着各种各样的行为（工作、交谈、聚会和参观等），那么哪个才是真正的"我"？"我"又究竟在什么地方？假若有人对替身机器人缺乏尊重，实施攻击，我们将如何对待？在这种情况下，是"人"受到了伤害还是"机器"受到了伤害？可以预见，这些都将成为未来社会需要解决的问题。将来人类社会在享受远程替身科技带来的好处的同时，也必将经受严峻的考验。

　　总之，未来的人们需要学会和各种各样的机器人、人工智能和虚拟空间和平相处（图39.3）。这难免会出现一些问题，所以未来以机器人为代表的技术时代有喜有忧，但总的来说利大于弊，人们对那个时代还是充满期待的。这正是：

> 机器时代成趋势，虚拟空间有优势。
> 利大于弊机遇来，因势利导方合适。

◎　图39.3　未来的人们需要学会和各种各样的机器人、人工智能和虚拟空间和平相处

　　各位看官，虽然在技术时代机器的智能越来越接近人类，但人类会无所作为吗？当然不会，他们也在向着更高的智能演化，他们会想方设法保持优势，不让机器超越自己。究竟人类会有怎样的作为，且听下回分解。

第四十回

大脑演化遭遇瓶颈，
人工智能后来居上

且说在技术时代，机器的智能将越来越接近人类。到了那时，人类该做些什么呢？其实，人类从来也没有坐等机器超越自己，他们一直在采取各种办法以提升大脑的能力。最传统的方法反映在人脑的演化上。在过去的200万年里，人类大脑的容量扩充了3倍，人类因此学会了使用工具，发展语言，创造文明。在过去的岁月里，人脑的演化一直是所向披靡的。

即使在今天，人脑和电脑之间的竞争也没有真正开始，因为人脑还占据着绝对的优势。我们的大脑拥有1000亿个神经元，它处理信息的能力比最先进的超级计算机还要强大好几百倍。

在未来，人脑还会继续演化，但脑容量的增加不会没有止境，人脑有可能在未来的演化道路上遇到障碍。首先，人脑消耗了太多的能量，虽然它的重量仅占我们身体重量的2%，却消耗了总能量的

20%～25%。这个消耗量超过了我们身体中的任何其他器官。假若人脑的容量还要增大，它就必然要消耗更多的能量，而当这种消耗达到一定程度后，它便不得不攫取其他器官的营养了。其次，人脑过大会导致神经通路过长，信息传输的时间也随之延长，处理信息的能力反而会下降。再次，皮层的生长会使人脑中其他的重要结构受到排挤，如脑干、中脑、小脑等。最后，人脑的过度发育还会导致人脑与躯体出现不协调，甚至让身体难以支撑。

也就是说，人脑的容量也许还会增加，但有一个极限，到了那个极限，它就不能再增加了。未来学家描述说，到那时，人脑将破天荒地被一个强劲的对手所超越，这个对手就是由人类创造出来的电脑（图40.1）。到了那时，电脑的处理能力依然拥有极大的发展空间，它们的发展势头强劲。随着电脑储存的知识越来越丰富，它们将取代人

◎ 图40.1　人脑将破天荒地被一个强劲的对手所超越，这个对手就是由人类创造出来的电脑

脑越来越多的功能，从而代替人类做越来越多的事。它们也许会复制人脑思维的路径，自我演化和学习，乃至于最终拥有自我意识。

那么，人类会甘拜下风吗？不会。一方面，自然演化依然在继续；另一方面，人类不得不利用药物和基因工程技术进一步提升大脑的功能。例如，通过基因工程技术使大脑的神经通路更加畅通，神经突触之间的信息交换更加高效。这样做的结果是一批新人类出现了。

即使是这样的"新人类"，他们的优势也无法阻止机器超越人脑。于是，为了不落在机器之后，人脑不得不求助于机器。这就是未来人脑演化的第二个阶段，这时人类开始想办法使自己的身体和人工智能相连接

以提升自己的智慧。这样做可以大大地拓展人类固有的优势。

其实，人类现在就已经走在这条道路上了。我们可以把硅芯片直接连接在人类的神经元上，各种连接身体的可控假体和器件也正在发展之中。尽管将电脑直接与人体相连，让机器拥有人类感觉器官的功能还有漫长的时间，但许多科学家认为那个时代终将到来。

当人机结合的完美性达到一定程度后，一种被称为"混合人"的新人类便脱颖而出了。但未来学家估计，"混合人"最终还将被另一种新人类所取代。那是一种更加完美的生物机器人，由微电子器件和生物体组合而成。到了那时，思想将可以被复制、备份，即使身体不在，思想依然可以被储存并被转移到另外一个身体中。

各位看官，从表面上看，人脑和机器的竞争是人类演化和人工智能发展之间的竞争，然而说到底，这更像是碳与硅这两种物质之间的竞争（图40.2）。从上述描述的情形看，许多未来学家都相信，硅将成为最终的胜利者。

碳是生命存在和发展的基础。和碳相比，硅缺乏许多只有在长期的演化中才能形成的生命特有的特性，例如轻便、结实、柔韧、灵活、善于适应、自我生长和自我修复等。所以，许多学者认为，机器永远也无

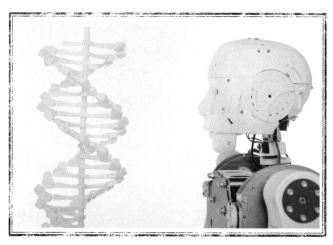

◎　图40.2　人脑和机器的竞争更像是碳与硅这两种物质之间的竞争

法拥有人脑所拥有的一些特性，例如想象力、创造力和横向思维等。

美国科普作家多雷昂·萨根和脑科学家约翰·斯克勒斯在他们合著的著作《巨龙崛起：人类智力的演化》一书中很好地表述了上述观点。他们在书中写道，人类的大脑具有一种难得的特性，那就是"适应"，表明人脑能非常快地改变自己以应对环境的变化。这是以硅为核心的人工智能技术所无法企及的。

是的，人们看到的事实是人脑适应它现有的结构的确远胜于去发展一种新的结构。人脑似乎能不断地找到更聪明、更高效的办法使用现有的神经通路、神经突触和化学传送媒介；人脑还学会了使用不同的方式储存信息，包括书写和印刷书籍，这就是为什么我们人类的知识在过去1万年里呈现爆炸式增长，而人脑本身并没有怎么增大。

假若果真如此，那么我们的大脑也许在未来的较量中依然是胜利者，而所谓"混合人"和全人工智能的新人类也许根本就不会出现。这正是：

> 人脑电脑真奇妙，谋求发展各有招。
> 人脑灵活善适应，电脑强大本领高。

第四十一回

海陆格局变化无穷，
大陆漂移终归一统

诗曰：

> 星空浩瀚广无涯，时空绵长奥妙大。
> 河汉可否存芳洲，天外是否有人家？
> 宇宙之谜大无穷，思想之趣美如花。
> 若问文明何所往，银河深处有新家。

话分两头。前文说到德国气象学家、地球物理学家阿尔弗雷德·魏格纳（图 41.1）于 1915 年出版了他的代表作《大陆与海洋的起源》。在这本书中，魏格纳系统地论证了大陆漂移学说。他认为，现在的各大陆是由一块巨大的陆地分裂而成的，它们经过漫长的漂移后才逐渐到达了现在的位置。

魏格纳于1880年11月1日出生于柏林，是家里5个孩子中最小的一个。父亲理查德·魏格纳是一位神学家，哥哥库尔特是一位自然科学家，姐姐托尼是一位画家。青少年时代的魏格纳勤奋好学，他在海德

◎ 图41.1　德国气象学家、地球物理学家阿尔弗雷德·魏格纳

堡大学、因斯布鲁克大学和柏林洪堡大学学习了物理学、气象学和天文学。1902至1903年，他在一家天文台担任助理研究员。1905年，他在柏林洪堡大学获得天文学博士学位，同年成了林登堡航空航天观测博物馆的助理，此后以天文学家的身份开始了他的职业生涯。他在那里和比他大两岁的哥哥库尔特一起工作，他们都对气象学和极地研究很感兴趣。

1906年，魏格纳参加了格陵兰科学探险，此后又3次深入格陵兰，直至殒命在了那里的冰天雪地中。

魏格纳的专业领域是天文学和气象学，但人们提到他时一定绕不开他的《大陆与海洋的起源》，这本书使他以地质学家、地球物理学家的身份被人们永远铭记。他的哥哥库尔特在谈论《大陆与海洋的起源》时说，这本书打破了学科的壁垒，采用综合的方法论证大陆漂移，从而"重建了地球物理学、地理学和地质学之间的联系，而此前由于这些学科的专业化发展，它们之间的联系是断开的"。这样的评价恰到好处地指出了魏格纳不被专业分界所束缚，善于博采众长、融会贯通的治学精神。《大陆与海洋的起源》正是这种治学精神的结晶。

为了论证大陆漂移，魏格纳在《大陆与海洋的起源》中罗列了很多证据，涉及地质学、气候学、植物学、古生物学等诸多学科。若没有广博的知识和宽阔的视野，是做不到这一点的。

　　魏格纳注意到，一些隔洋相对的大陆的地貌是完全相同的，它们的岩石和地层特征明显是一致的。这就是说，如果将它们在地图上拼接起来，它们看上去就像一个整体。魏格纳说，如果把两张撕开的报纸放在一起，它们恰好可以拼接起来，上面的文字又能相互吻合，那么我们可以推断它们曾经就是一张报纸，这又有什么值得怀疑的呢？

　　魏格纳还通过一些化石证据来证明大陆漂移的观点。他指出，尽管两块大陆之间隔着广阔的大洋，但在有些地方古代物种完全相同，这表明这两块大陆在之前十分遥远的年代里是连在一起的。例如，2.5亿年前的一种蕨类植物舌羊齿的化石就在很多陆地的古生代晚期的地层中被发现。它们怎么能在如此广阔的地区生长呢？魏格纳认为，这是因为那些陆地曾经是一个整体，后来分裂开来。

　　魏格纳也采用了气候变化方面的证据。魏格纳认为，地球上各纬度的气候特征是稳固的，然而如果大陆发生了移动，它上面的气候就会发生变化。例如，当大陆漂向赤道时，它上面的气候会变暖；漂向极地时，它上面的气候会变冷。魏格纳指出，在位于北冰洋北部的斯匹次卑尔根岛上，人们发现了热带植物化石，这表明那些植物生活的地方曾经位于赤道附近；而在现在很炎热的地方，例如南非，人们又发现了冰川的擦痕，这表明那些地方曾被冰川所覆盖。魏格纳得出结论说，在泛古陆存在的时期，非洲大陆紧挨着南极洲，大陆漂移把它带到了赤道附近。

　　虽然魏格纳找到的证据很多，大陆漂移学说还是没有得到科学界的认可，其中很重要的一个原因就是这个学说没有解决漂移的动力问题。巨大的大陆是在什么上面漂移的？驱动大陆漂移的力量又来自哪里？魏格纳认为，动力来自海洋中的潮汐，它们拍打大陆，引起微小的运动，还有就是日月的引力。然而计算表明，这两种力量都无法推动大陆发生漂移。

　　动力问题的真正解决是在板块构造学说诞生之后。板块构造学成功解释了大陆漂移现象，它认为地球的表面是由一些大大小小的板块组成的，在漫长的地质年代里，那些板块被岩浆的热动力驱动着在地幔的软流圈上缓缓移动，于是地球的表面无时无刻不在进行着板块分裂、碰撞

219

和漂移。那些板块移动得如此缓慢，速度甚至赶不上指甲生长的速度，然而这样的速度表明它们在亿万年前所处的位置与现在完全不同，海洋和陆地的分布也根本不是现在的这番模样。时间改变了一切，它教人们懂得了沧海桑田的真正含义。这正是：

> 大陆漂移亿万年，留下印迹记从前。
> 板块运动藏奥妙，万顷古陆变桑田。

板块构造学说为大陆漂移学说解决了动力问题之后，大陆漂移学说便获得了新生，成为解释地壳运动的主流理论。今天，通过对地球板块构造的研究，地质学家们已经很精确地还原了 2 亿至 2.5 亿年前地球表面的海陆分布状况。他们印证了 2 亿年前，在古生代和中生代期间，地球上的大陆是连在一起的。这个大陆叫"泛大陆"，它可以被认为是今天各大陆的原始"胚胎"。这个"胚胎"在后来出现分裂，逐渐演化成了今天的海陆格局。

那么，这些板块还将如何运动呢？未来地球的海陆格局将呈现怎样的模样呢？

依靠卫星定位系统和遍布全球的地质观测站，科学家们预测了未来大陆运动的趋势。他们了解到，太平洋板块正在挤压北美大陆板块，导致洛杉矶向北漂移；1000 万年后，洛杉矶将与旧金山比邻而居；5000 万年后，它将来到阿拉斯加附近，成为阿拉斯加的西岸城市。

在地球漫长的历史中，5000 万年只是短暂的一小段时间而已。如果把地球的过去浓缩成一年的话，5000 万年便只相当于 4 天时间。今天的气象预报员很容易预报 4 天以后的天气，那么对于地质学家来说，预测5000 万年后的地球面貌又有什么困难呢？

科学家们希望做到的不是只预测 5000 万年以后的地球面貌，他们要预测两亿年以后的情形。做到这一点并不神秘。假若你在高速公路上驾车行驶，你想知道自己 10 分钟后可以到达哪里，那么你只需看看目前的车速，做一个简单的计算就可以了。

人们早就知道，非洲大陆一直在北移，这个趋势还将继续下去，所以地中海会进一步缩小，未来的非洲板块将产生越来越大的褶皱，隆起的部分会越来越高，最后在欧洲南部形成像喜马拉雅山一样雄奇险峻的山脉。

7500 万年后，澳大利亚将与印度尼西亚、马来西亚撞在一起，它的左侧因受到阻碍会放缓移动速度，于是它开始逆时针旋转，撞上菲律宾，最后与亚洲大陆结合在一起。

与此同时，美洲与非洲、欧洲则渐行渐远，这是因为在大西洋海底有一条南北走向的海岭。在那里，来自地球内部的新生岩石物质正在缓慢地涌出来。由于新生物质的不断补充，海岭两侧的海底渐渐向两边扩展，大西洋变得越来越宽，大西洋两岸的大陆也就相隔得越来越远了。

再往后，相对确切的预测就难以继续了，因为接下来的运动不能确定。若要预测距现在 1.5 亿至 2.5 亿年的未来，人们必须进行一些合理的推测。

人们推测，大西洋的扩张会在某个时候停下来，并且转入收缩。这是因为扩张有可能在大西洋的东边或者西边产生一个俯冲带，那里的海底会滑入大陆的下面进入地球的内部。它慢慢地拖着海床沉入地幔，大西洋中的那座促使海底扩张的海岭也就被带进地幔中，于是扩张停止了，大西洋转为收缩。

大约 1 亿年后，南极大陆将靠近印度洋，再过 5000 万年，它将位于马达加斯加和印度尼西亚之间，印度洋变成了一个内陆海。两亿年后，美洲与非洲重逢，加拿大的纽芬兰岛撞上非洲大陆，巴西与南非成为邻居。这时，所有大陆都将碰到一起，而印度洋则被包围在中间——太平洋中出现了一个超级大陆。

这个超级大陆就是地球历史上的一个新的泛大陆。

不过由于大陆漂移的行踪难以预料，人们也并不排除大陆向着与预测方向相反的方向移动的可能性。假若那样，那么最终消失的就不是大西洋，而是太平洋。北美洲和南美洲将与亚洲合并在一起，这样形成的泛大陆又将是截然不同的。

很显然，到了那时，大陆的漂移还将继续。大致来说，它又要重复这种"分久必合，合久必分"的模式，直到失去漂移的动力而停下来。这正是：

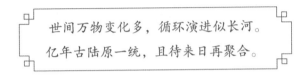

世间万物变化多，循环演进似长河。

亿年古陆原一统，且待来日再聚合。

222

第四十二回

太阳衰老脾气无常，
土卫凉爽渐成新家

　　且说魏格纳的大陆漂移学说在板块构造学说的支持下终于得到了科学界的认可，它成为解释大陆运动和演化的基础理论。原来，在几十亿年的时光里，大陆就像变形虫一样在不断地运动和演化，然而不仅仅是陆地，我们头顶上的太阳同样在进行着没完没了的演化，它的演化彻底改变了地球和太阳系的命运。

　　太阳是宇宙中的一颗普通的恒星。像宇宙中的其他恒星一样，它也要经历诞生、衰老和死亡的过程。现在的太阳正值中年，既不算老也不算年轻，但它的结局早已注定，那就是死亡。虽然那是50亿年以后的事，但毁灭用不着等到那个时候，因为混乱在那之前就开始了。

　　当太阳接近晚年时，它会显出衰老的征兆，发生膨胀，变得越来越热，越来越亮。地球表面的所有生物都不得不寻找凉爽的所在，以尽可能生存得长久一些。有诗为证：

太阳升起又落下，万物生长要靠它。

无奈终有衰老时，个头膨胀脾气大。

　　未来人类不得不完全撤离地球，而火星与太阳的距离比地球远，它的表面的温度比地球低，于是就成了人类新的家园。然而火星的好时代也有结束的一天，因为随着太阳温度的升高，生命在火星上也待不下去了；但那时木星和土星的卫星会变得宜居起来，它们有可能成为未来生命的避难所，人类很有可能会在它们中间挑选一个新家。

　　木星有4颗大卫星，它们中的有些被认为存在液态水，其中最有望成为人类居住地的是木卫二。现在木卫二非常寒冷，直径为3138千米，拥有平整的冰面，冰面下可能隐藏着巨大的水体。土星的卫星土卫二也不错，虽然表面也是一片封冻，但它的地下贮存有热量，可能也隐藏着巨大的水体。由于太阳温度的升高，木卫二和土卫二到那时都会变得温暖起来，不过土卫二的直径只有502千米，在个头上失去了不少优势。

　　人类最终会选择土卫六（图42.1）。土卫六又名泰坦。在希腊神话中，泰坦是一个独眼巨人，而在太阳系的卫星中，土卫六也的确堪称巨人。它的直径达5150千米，比水星还大，是土星最大的卫星，还一度被认为是太阳系中最大的卫星。后来查明了木卫三的直径后，人们才发现它的个头次于木卫三，在太阳系的卫星中个头位

◎ 图42.1　土卫六，其背后是巨大的土星和土星环，"卡西尼号"拍摄

列第二。

土卫六的发现者是荷兰科学家克里斯蒂安·惠更斯（图42.2）。惠更斯出生于一个富有显赫的家庭，从小就喜欢摆弄各种机械装置的微缩模型。他的父亲给他提供了良好的教育条件，希望他成为一名外交官。惠更斯从小就接受了多方面的训练，学习语言、音乐、历史、地理、数学、逻辑和修辞，还学习跳舞、击剑和骑马。

◎　图42.2　荷兰科学家克里斯蒂安·惠更斯

然而惠更斯并没有成为外交官，他一生沉迷于科学研究。这虽然违背了父亲的初衷，却使他成了近代自然科学的一位重要的开拓者。他的研究内容遍及力学、光学、天文学及数学。他在力学和光学方面的贡献突出，在数学方面取得了卓越的成就；他还改良望远镜，发明摆钟，制作各种仪器，是一位非常杰出的发明家。这正是：

> 少年英才志向大，科学舞台展才华。
> 勤学多思爱实践，硕果累累后世夸。

在天文学方面，惠更斯用自己研制的望远镜进行了大量的天文观测。他用望远镜仔细观测了土星和火星。当用自己改良的望远镜观测土星时，他发现了土星环。这个环此前伽利略也观测到过，但他并没有认出那是一个星环。

1655 年 3 月 25 日，惠更斯将他自制的望远镜对准土星。在土星的旁边，他发现了土卫六。后来的研究表明，土卫六非常特别，它是太阳系中唯一拥有浓密大气层的卫星。

惠更斯在晚年完成了一本名为《宇宙理论》的书，他在书中阐述了他对宇宙构造的一些推测。他推测其他行星上存在生命，那些行星与地球类似，其上也有液态水。他还认为水在不同的行星上会表现出不同的特性。他说："那些水想必是流动的，既清澈又美丽。我们地球上的水假若到了木星和土星上就会立即被冻住，因为它们离太阳太远了。"他还说："每一个星球一定都有属于它自己的不会冻结的水。"《宇宙理论》是惠更斯最后的著作，这本书出版的时候，他已经不在人世了。

今天，人们对土卫六的探测表明，土卫六上确实存在水，且是独特的，是属于土卫六的"自己不会冻结的水"。这种水在地球上被称为甲烷，它在地球的环境中是气体，但现在的土卫六非常寒冷，表面温度约为零下180摄氏度。在这种极低的温度下，甲烷以液体形式存在，它们像水一样流动，"既清澈又美丽"（图42.3）。

这样的水自然是不能饮用的，但它使土卫六看上去成为太阳系中最像地球的地方。它的大气和地表风景就在我们眼前发生着变化：云在雾气中浮动，甲烷雨水落下后沿着河流一样的水道流进浅湖里，巨大的"沙丘"分布在赤道附近。"沙丘"中的"沙粒"来自大气中的一种大而复杂的有机分子，它们降到地面后就被某种我们尚不知道的力量塑造成了碳氢化合物"沙粒"。当夏天来临后，土卫六上厚厚的雾气在空中飘荡，暴雨袭来，久旱的土地迎来少见的雨水……

◎ 图42.3 土卫六上存在由甲烷组成的水体

大致上说，土卫六很像几十亿年前仍处于冰冻状态且大气中还未出现氧气时的地球。它的引力约为地球引力的14%，我们可以在它的表面上行走；它有浓密的大气，表面的辐射强度也比火星低；它还有各种可用来产生能量的资源，如阳光、风和流水。人们可以在土卫六上水量丰沛的湖区开发水利资源，也可以研发适用于土卫六的空中风力发电机和太阳能电池。

随着太阳的膨胀，太阳的温度会越来越高，人们需要向远离太阳的方向迁徙，迁往土卫六就成了最好的选择。到了那时，人们将纷纷乘坐大型太空船从火星迁往土卫六。这个过程可能会持续几百年甚至几千年。那时的土卫六已经变得很温暖了，它的海水里有了生命，它成了一个生机勃勃的星球（图42.4）。这样的改变在太阳系中并非没有先例，这个先

◎ 图42.4 土卫六成了人类新的居住地

例就是我们的地球。早期的地球和现在的土卫六很像，地球上复杂的生命就是在那样的环境中由简单到复杂地演化出来的。这正是：

土星卫星真不少，最是泰坦要知晓。
有山有水风云变，巧做新家少不了。

然而太阳的演化还在继续，它一刻也没有停止膨胀的步伐，所以土卫六也渐渐变得不宜居起来。这样看来，在太阳系中待不下去了。接下来怎么办？欲知后事如何，且听下回分解。

第四十三回

再启航人类别故园，
望星空文明永留传

　　且说随着太阳的膨胀，它的温度越来越高，人们不得不迁到远离太阳的土卫六上居住。然而太阳的演化还在继续，当它用完了核心的氢燃料后，它的结构就会发生重组，于是它慢慢膨胀，直到变成一颗红巨星。这样的庞然大物会吞掉金星和水星，地球也可能难逃相同的命运。

　　接下来，红巨星会继续变化，它内部的核反应越来越不稳定，有时温度骤升，热流四溢；有时又冷却下来，回归平静，因此红巨星时而膨胀，时而收缩。当它的能量再也无法支撑自身引力的时候，它便只好坍塌下去，坍塌的压力使它的中心形成了一个致密的核。开始的时候，这个核被一些星云状的物质包裹着，远远望去，就像一朵星云。天文学家们通常称这种星云为"行星状星云"。一段时间后，星云会散去，红巨星终于变身成了一颗密度很高的白矮星（图43.1）。

　　这就是太阳的结局，人类早已清楚这一过程，他们用望远镜观测了宇宙中无数的恒星，它们分别处在不同的发展阶段，从而很清晰地昭示了太阳的命运。

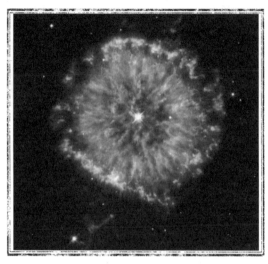

◎ 图43.1 　一颗白矮星和它释放的星云，来自NASA

显然，人类必须赶在这种事情发生之前迁出太阳系，并在太阳系之外寻找一颗适宜居住的星球。非常幸运的是，2016 年天文学家们在离地球最近的一颗恒星旁边找到了一颗和地球相似的行星。这真是太难得了！

在南天的夜空里，人们会看到半人马座。它位于长蛇座的南边，其主星阿尔法由 3 颗恒星组成：阿尔法 A、阿尔法 B 和阿尔法 C。阿尔法 A 和 B 是双星系统，它们之间的距离是地球和太阳之间距离的 23 倍。阿尔法 C 离我们最近，但它是 3 颗恒星中最暗的一颗，人们称它为"比邻星"。

科幻小说里也常提到半人马座阿尔法星。美国科幻作家弗雷德里克·波尔在他的科幻小说里描述了人们乘坐太空船飞向半人马座阿尔法星的场景，人们要去那里寻找一颗名为天牛星的行星。没有想到的是，在现实世界中，科学家们真的在那里找到了一颗被认为适宜居住的行星，它正在围绕着比邻星运行，这就是比邻星 b。

比邻星 b 的大小与地球差不多，既没有季节变化，一年的时间也很短，只相当于地球上的 11 天多一点。这是因为比邻星 b 距离它的"太阳"比邻星非常近，只有 700 万千米，比水星到太阳的距离近得多，因此它绕它的"太阳"公转一周的时间也就非常短。按说它的上面应该很热，然而比邻星与太阳很不一样，它属于红矮星，它的质量、光度和表面温度都比太阳小得多、低得多，所以紧挨着比邻星的比邻星 b 并没有变成火炉，而是获得了恰到好处的光和热，具备了拥有液态水的条件（图43.2）。红矮星的寿命非常长，所以即使与比邻星相邻的太阳已经变成了白矮星，比邻星依然处在非常稳定的阶段，比邻星 b 上面的生命依然可以无忧无虑地生活。有诗为证：

> 天外一颗红矮星，距离太阳若比邻。
> 还有行星随身转，恰似地球绕日行。

在今天看来，关于比邻星 b 是否真的宜居还存在一些疑问。由于离恒星太近，恒星的引力会将比邻星 b "锁住"，使其一边始终对着恒星，另一边始终背对着恒星。这样一来，比邻星 b 上面的气候就很特别了。地球自转会使大气得以循环，并把热量均匀地分布开来，但被 "锁住"了的比邻星 b 做不到这些。于是，面向恒星的一面就会非常热，乃至于水全部蒸发到了太空中；而背对恒星的一面则非常冷，乃至于连大气都凝结在了地表上。

另一个问题是耀斑。由于恒星和行星离得非常近，红矮星的耀斑就

◎ 图43.2 比邻星b上具备了拥有液态水的条件

会使行星处在 X 射线和紫外线的强烈辐射之中，这对生命的发展和演化非常不利，而且行星的大气层还很有可能被耀斑剥蚀掉。

不过，科学家们并没有就此否定比邻星 b 的宜居性，他们也提出了宜居的种种可能。例如，假如大气中存在稍许二氧化碳，大气中的热量就会得到一定程度的保持，它们还可以分散开去，从而环绕整个行星。另外，在面对恒星的一面还有可能形成永久性的厚重云层，这种云层能大量反射恒星发出的光，从而使气候变得凉爽。天文观测和计算机模拟还显示，虽然耀斑的确会损害行星的大气层，但并非一定如此。人们对一颗与比邻星 b 相似的系外行星进行观测，结果表明虽然这颗行星也靠近它的"太阳"，但它还是保住了自己的大气层。

况且比邻星 b 也并不是人类唯一可以迁移的目的地，未来人类有足够的能力和时间去发现更多适宜居住的类地行星。到那时，可供人类选择的目的地应该不少，不过在本书中，我们暂且将这种目的地确定为比邻星 b，因为至少在目前看来，它是相对宜居的，而且离我们最近。

遗憾的是，说它近也只是相对其他系外行星而言的。经过一段漫长的时间后，比邻星是否还与太阳比邻也是很难说的。比邻星现在离地球4.2 光年，也就是说，即使进行光速旅行，到那里也需要 4 年多。今天，人类制造出来的速度最快的航天器是飞往冥王星的"新地平线号"，它的速度是 16 千米 / 秒，飞往冥王星用了 9 年。假若让它飞往比邻星，它就要飞行 80000 年。

在科幻作品中，人们当然想出了更好的办法，例如一种名为"曲率驱动"的发动机就能使太空船进行超光速飞行，这样人们去比邻星就容易了。

科学家们还有另外一些不错的想法，按照这些想法，他们研制的太空船可以飞得更快一些（图 43.3）。例如，若让发动机以很快的速度喷出燃料，太空船就会获得加速，于是人们开发出了离子引擎，这种发动机可以把太空船加速到 50 千米 / 秒，比"新地平线号"快多了。

更新的办法是使用放射性物质。有些不稳定的原子可以产生阿尔发粒子，当一个原子核分裂出阿尔发粒子后，它的喷射速度会比"离子引

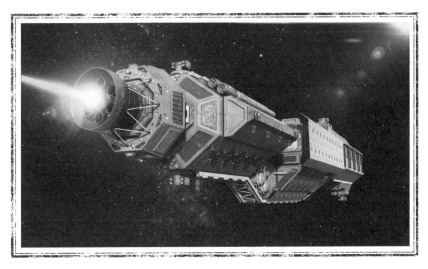

◎　图43.3　未来的太空船可以飞得更快

擎"快 300 倍，由此产生的推力自然也比离子引擎更理想。

　　用阿尔发粒子推动的太空船的速度在开始的时候并不快，而且还要用传统的火箭将太空船送上太空。然而，一旦进入太空，这种太空船就会慢慢加速。最后，它的速度会达到 200 千米 / 秒到 300 千米 / 秒。4000 到 9000 年后，它就会到达比邻星。至于准确的到达时间，则要看太空船携带了多少载荷和燃料。这种太空船先进多了，只是用它载人的话，还是太慢，因为没有人能够活着抵达目的地。

　　也许利用核能是一种办法。抬头仰望，夜空中的每一颗恒星都在进行着一种蕴藏着巨大力量的神奇反应，它们将较小的原子核聚合成更大的原子核，同时释放出巨大的能量。这个过程就是核聚变。太阳就是这样的"核聚变反应堆"。假若人类能够模仿太阳设计出核聚变推进器，它就至少可以为航天器提供 10 亿兆瓦的清洁能源。按照我们现在对核聚变推进器的理解，要安装一台这样的推进器，航天器不得不大得出奇。

　　在未来，核聚变推进器的概念可能会变成现实，并发展得更加轻便小巧。作为一种星际发动机，这种装置将成为驱动太空船进行星际旅行的首选。乘坐这种飞船前往比邻星 b 只需 30 年。

至此，我们的地球传奇算是讲完了。在过去亿万年的岁月中，地球经历了沧桑巨变、孕育了山川河流和万物生灵。在未来它还要接受更多的考验。有诗赞曰：

小小一寰球，广宇如微尘。
胸襟宽无比，怀抱暖如春。
滋润五谷熟，呵护万物生。
四季风光好，五洲瑞气蒸。

地上江河流，天上日月升。
纵然冰雪寒，亦有暖日春。
偶遇烽烟起，更见情义真。
功勋千秋在，文明万古存。